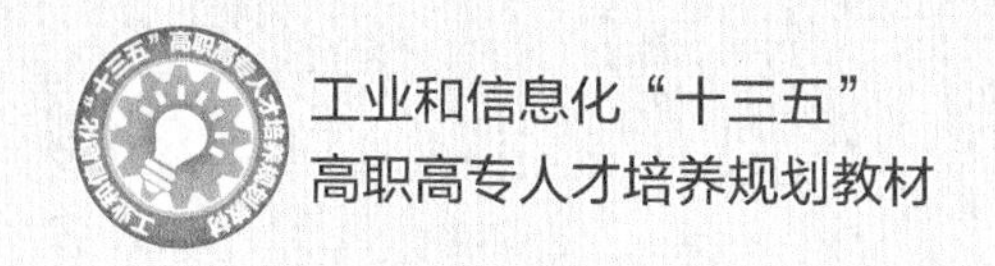

工业和信息化"十三五"
高职高专人才培养规划教材

微信小程序
开发技术

秦长春 主编
欧国建 唐乾林 副主编

Weixin Mini Program
Development

人民邮电出版社
北京

图书在版编目（C I P）数据

微信小程序开发技术 / 秦长春主编. -- 北京 : 人民邮电出版社，2021.1（2023.7重印）
工业和信息化“十三五”高职高专人才培养规划教材
ISBN 978-7-115-54919-8

Ⅰ. ①微… Ⅱ. ①秦… Ⅲ. ①移动终端－应用程序－程序设计－高等职业教育－教材 Ⅳ. ①TN929.53

中国版本图书馆CIP数据核字(2020)第181100号

内 容 提 要

本书较为全面地介绍了微信小程序开发的基本流程和方法，包括开发工具和开发语言。全书共10章，主要分为两个部分，第一部分（第1～7章）主要介绍了开发微信小程序必须掌握的体系结构，包括初识微信小程序、技术框架、WXML标签语言、WXSS样式语言、JavaScript交互逻辑、小程序组件及小程序API；第二部分（第8～10章）介绍了微信小程序的开发应用实例，包括人脸识别应用实例、小游戏开发实例及综合实例——在线商场。

本书可以作为高职高专计算机相关专业和非计算机专业微信小程序开发课程的教材，也可作为微信小程序开发人员的参考书和广大计算机爱好者的自学用书。

◆ 主　　编　秦长春
副 主 编　欧国建　唐乾林
责任编辑　左仲海
责任印制　王　郁　马振武

◆ 人民邮电出版社出版发行　　北京市丰台区成寿寺路11号
邮编　100164　　电子邮件　315@ptpress.com.cn
网址　https://www.ptpress.com.cn
固安县铭成印刷有限公司印刷

◆ 开本：787×1092　1/16
印张：18　　2021年1月第1版
字数：440千字　　2023年7月河北第5次印刷

定价：59.80元

读者服务热线：(010)81055256　印装质量热线：(010)81055316
反盗版热线：(010)81055315
广告经营许可证：京东市监广登字20170147号

前 言 FOREWORD

微信小程序于 2017 年 1 月 9 日正式上线，凭借着庞大的微信用户群，从开始只有寥寥几个应用小程序，发展到现在分门别类、各式各样、种类繁杂的微信小程序。截至 2020 年 1 月，微信月活跃账户数达 11.51 亿个，微信小程序日活跃用户数突破 3 亿人，微信小程序 2019 年创造 8000 亿元交易额，人均访问微信小程序次数及人均使用微信小程序个数均大幅上涨，用户使用微信小程序次日留存率达 59%，活跃微信小程序平均留存率较 2018 年上升 14%。2019 年，微信小游戏累计服务用户超过 10 亿，商业价值实现快速增长，整个平台的商业规模较 2018 年增长超过 35%。可以说微信小程序的时代已经来临。

微信小程序是微信新增的功能模块，其官网提供了一些基础的功能，如小程序框架、小程序组件、小程序基础 API 等，但这些基础功能并不能满足众多企业为其客户在微信小程序上提供服务的需求。为此，微信小程序开放了一系列的第三方 API，包括服务端、腾讯云等，企业可以通过调用这些接口，为用户提供更好的线上体验，提升企业品牌效应。

党的二十大报告提出：我们要坚持教育优先发展、科技自立自强、人才引领驱动，加快建设教育强国、科技强国、人才强国。本书针对高职院校的特点，采用“教、学、做”一体化的教学方法，为培养高端应用型人才提供适合的教学与训练。本书以微信小程序的快速开发为主线，从微信小程序的申请到开发环境的搭建，从具体组件的开发应用到实战项目的开发实现，对相关知识进行了系统、全面的整理，然后分享给读者。读者通过本书不仅能快速地学习基本技术，而且能按项目实践要求进行项目的开发。

本书主要特点如下。

1. 岗位需求导向和认证嵌入

在课程体系构建过程中，以岗位需求为导向，依据国家“1+X”证书制度要求，设置对应教学内容。本书将被国家级高技能人才培训基地（重庆电子工程职业学院）列为软件与信息服务领域的骨干培训教材之一。

2. 任务驱动、适用性强

在确定教学内容、明确教学重点和难点问题时，充分尊重学生认知规律和教学规律。本书根据行业企业发展需要和完成职业岗位实际工作任务所需要的知识、能力、素质要求，选取教学内容，为学生可持续发展奠定良好的基础。

3．理论与实践紧密结合

为了使读者能快速地掌握微信小程序开发技术，本书在最后三章设计了一系列的项目实践，帮助读者通过项目来学习与训练，实现技术讲解与训练合二为一，有助于“教、学、做”一体化教学的实施。

4．构建了立体化的教学资源

根据课程建设需要配套课程标准、授课计划、教学 PPT、实例代码、项目案例等数字资源，充分支持教师教学和学生课外自学。

本书由秦长春任主编，欧国建、唐乾林任副主编，邓剑勋、郜辉、赵瑞华、董亮参编，秦长春统编全稿，欧国建编写第 1～5 章的内容，唐乾林编写第 6 章的内容，秦长春编写第 7～10 章的内容，邓剑勋、郜辉、赵瑞华、董亮等在本书的编写过程中提出了非常宝贵的建设性指导意见。本书编者有着多年的实际项目开发经验以及丰富的高职高专教育教学经验，完成了多轮次、多类型的教育教学改革与研究工作。但书中不妥之处仍在所难免，殷切希望广大读者批评指正。同时，恳请读者一旦发现错误，于百忙之中及时与编者联系，以便尽快更正，编者将不胜感激，E-mail：jzqcc@163.com。

编　者

2023 年 5 月

目 录 CONTENTS

第1章 初识微信小程序

学习目标

- 了解微信小程序的发展历程。
- 掌握微信小程序的注册过程。
- 掌握微信小程序开发工具的安装过程。

微信小程序，简称小程序，英文名 Mini Program，是一种不需要下载安装即可使用的应用，它实现了应用“触手可及”的梦想，用户通过扫描二维码或搜索应用名称即可打开应用。

2017 年 1 月 9 日，微信小程序正式上线。全面开放申请后，企业、政府、媒体、其他组织或个人开发者均可申请注册小程序。小程序、订阅号、服务号、企业号是并行的体系。

至今，新的小程序开发环境和开发者生态已经形成。小程序也是多年来国内 IT 行业一个真正能够影响到普通程序员的创新成果之一。目前，已经有超过 150 万的开发者参与到小程序的开发中，小程序的应用数量超过了 450 万，覆盖 200 多个细分的行业，2019 年小程序日活跃用户已突破 3.3 亿，全年人均使用小程序数量超过 60 个，交易金额突破 1.2 万亿元。小程序已经深入平民生活，覆盖了越来越多的公共服务和生活服务场景，实现了科技下沉，完美诠释了“科技向善”的精神。此外，小程序线上线下连接能力不断升级，在“超级连接”开启“智慧零售”的时代，互联网零售商业模式正在被小程序重构，小程序互联网时代已经到来。

1.1 认识微信小程序

微信小程序可以通过微信便捷地获取和传播，同时具有出色的使用体验，可节省用户流量和时间，方便且实用，用户只需打开微信“发现”中的小程序就可以使用多种软件的功能。

1.1.1 发展历程

2016 年 1 月 11 日，“微信之父”张小龙时隔多年再次公开亮相，并解读了微信的四大价值观。张小龙指出，越来越多的产品依托公众号平台，因为在公众号开发产品、获取用户和传播的成本更低。但拆分出来的服务号并没有提供更好的服务，所以微信内部正在研究新的形态，称为“微信小程序”。

2016 年 9 月 21 日，微信小程序正式开启内测。在微信生态下，触手可及、用完即走的微信小程序引起广泛关注。腾讯云微信小程序解决方案正式上线，提供了小程序在云端服务器的技术方案。

2017 年 1 月 9 日 0 时，万众瞩目的第一批微信小程序正式低调上线，用户可以体验各种各样小程序提供的服务。

2017 年 12 月 28 日，微信更新的 6.6.1 版本开放了小游戏，微信启动页面还重点推荐了小游戏“跳一跳”，用户可以通过小程序找到已经玩过的小游戏。

2018 年 1 月 18 日，微信提供了电子化的侵权投诉渠道，用户或者企业可以在微信公众平台及微信客户端入口进行投诉。

2018 年 1 月 25 日，微信团队在微信公众平台发布公告：从移动应用分享至微信的小程序页面，用户访问时支持打开来源应用。同时，为提升用户使用体验，开发者可以设置小程序菜单的颜色风格，并可以根据业务需求，对小程序菜单外的标题栏区域进行自定义。

2018 年 3 月，微信正式宣布小程序广告组件启动内测，内容包括第三方可以快速创建并认证小程序，新增小程序插件管理接口和更新的基础功能，开发者可以通过小程序来赚取广告收入。除了可以在公众号文章、朋友圈广告及公众号底部的广告位投放小程序落地页广告，还可以通过小程序广告位直达小程序。

2018 年 7 月 13 日，小程序任务栏功能升级，新增“我的小程序”板块，而小程序原有的“星标”功能升级，用户可以将喜欢的小程序直接添加到“我的小程序”板块中。

2018 年 8 月 10 日，微信宣布，小程序后台数据分析及插件功能升级，开发者可查看已添加“我的小程序”的用户数。此外，2018 年 8 月 1 日至 12 月 31 日期间，小程序（含小游戏）流量主的广告收入分成比例优化上调，在单日广告流水 10 万～100 万区间，开发者可获得的分成由原来流水的 30%上调到 50%，优质小程序流量主可获得更高收益。

2018 年 9 月 28 日，微信“功能直达”正式开放，商家与用户的距离可以更“近”一步：用户在微信“搜一搜”中搜索功能词，结果页面将呈现相关服务的小程序，单击搜索结果中相应的小程序，可直达小程序相关服务页面。

2019 年 3 月 26 日，微信“小程序评测”功能上线，该功能旨在鼓励开发者将小程序做得更好，提供更优质的服务、更优秀的用户体验。“小程序评测”通过运营、性能、用户指标可以综合评估小程序的数据情况，并经由人工审核评估小程序的功能体验情况，最终得出综合评定，给予达标的小程序诸如加速审核、内测功能的奖励。

1.1.2 小程序功能

微信小程序除了可以通过微信便捷地获取和传播，还可以做到不需要任何下载和安装过程就可以轻松地使用，并且微信小程序功能非常丰富，下面对微信小程序常用的十大功能进行介绍。

1. 线下扫码

用户不仅可以在客户端，还可以在小程序中使用“扫一扫”功能，来识别二维码的内容。

2. 对话分享

用户可以把小程序中的任何一个页面快速分享给好友或群。

3. 消息通知

商户可以发送模板消息给接受过服务的用户，同时用户可以在小程序中联系客服，且交流信息支持文字和图片两种方式。

4. 小程序切换

用户可以在使用微信小程序的过程中，快速返回聊天界面，二者之间的切换不需要等待。

5. 历史列表

用户使用的任何小程序都会被放到列表中，方便下一次快速使用。

6. 关联公众号

小程序与公众号可以相互关联。

7. 识别二维码

用户可以通过长按识别二维码来进入小程序。

8. 附近的小程序

在微信中可以快速找到附近的小程序和服务，因此也能够帮助线下的商户更直接地接触用户，让微信小程序融入更多的生活场景。

9. 支持定义关键字

为了方便用户快速地找到所需要的小程序，并帮助小程序更准确地到达用户，小程序开发者可以自定义关键词。

10. 微信辟谣助手

微信推出“微信辟谣小助手”小程序，通过小程序对网络中比较常见的谣言进行辟谣。

1.1.3 小程序的注册

个人、企业、政府、媒体、其他组织均可成为小程序的注册主体。申请注册小程序共有两种方式。

1. 采用立即注册方式

（1）登录微信公众平台网站，如图 1-1 所示。

图 1-1　微信公众平台

（2）单击右上角的“立即注册”链接，进入图 1-2 所示页面，选择“小程序”选项。

图 1-2　选择“小程序”模块

（3）进入小程序注册页面，如图 1-3 所示。

注意事项：在填写小程序注册信息之前，需要先注册一个邮箱，每个邮箱只能申请一个小程序。并且，已经绑定了其他的公众号、小程序、个人号的邮箱，不能用于注册新的小程序。

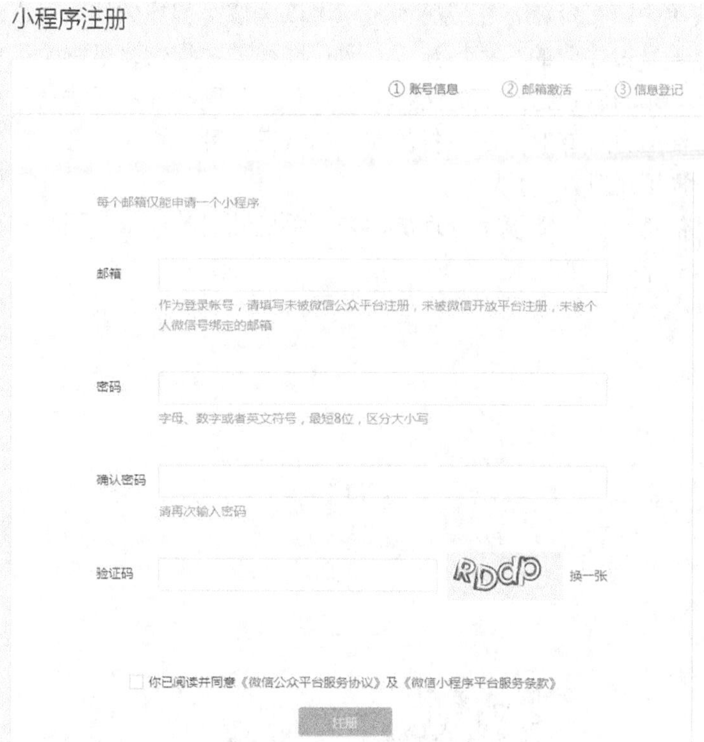

图 1-3 小程序注册页面

（4）单击“注册”按钮之后，跳转到邮箱激活页面，激活账号，继续注册流程，如图 1-4 所示。

图 1-4 激活账号

（5）用户信息登记，确认主体类型。在这里，不同的主体类型，验证方式稍有差异。对于以个人身份注册的小程序，需要在“主体类型”一项，单击“个人”按钮，之后，只需要在弹出的表单中填写资料、完成验证，就可以完成小程序的注册。以组织身份注册的小程序，与以个人身份注册的小程序流程一致，同样需要提供自己的个人信息。需要注意的是，企业名称必须与营业执照上的名称完全一致，否则小程序无法通过审核，全部信息也将重新填写。注册方式有对公账户打款和微信认证两种，相对而言，微信认证方式更快捷方便，建议选择该注册方式。

（6）管理员信息登记，需填写管理员姓名、手机号码等信息，同时需要用微信扫码验证身份，如图 1-5 所示。

①验证原管理员 —— ②绑定新管理员

管理员姓名　欧**

个人类型帐号管理员姓名与注册主体姓名一致，不可修改。

新管理员手机　发送验证码

请输入您的手机号码，一个手机号码只能注册5个小程序。

短信验证码

请输入手机短信收到的6位验证码，无法接受验证码？

扫码验证身份

请用绑定了银行卡且与注册主体一致的微信扫描二维码（本验证方式不扣除任何费用）

提交

图 1-5　管理员信息登记

注意事项：主体信息一旦提交，则不可修改，如图 1-6 所示。

该主体一经提交，将成为你使用微信公众平台各项服务与功能的唯一法律主体与缔约主体，在后续开通其他业务功能时不得变更或修改。腾讯将在法律允许的范围内向微信用户展示你的注册信息，你需对填写资料的真实性、合法性、准确性和有效性承担责任，否则腾讯有权拒绝或终止提供服务。

图 1-6　主体信息提交后不可修改

2. 采用复用公众号资质

为方便已有公众号的主体快捷注册小程序，可以直接从微信公众平台创建小程序，复用公众号资质，而无须提交主体材料，无须对公打款，无须支付300元认证费用，步骤如下。

（1）登录微信公众平台，进入已有的公众号账号，单击“小程序管理”选项。

（2）进入小程序管理页面，选择“快速注册并认证小程序”选项。然后借助公众号资质，绑定小程序管理员，即可完成小程序注册，如图1-7所示。

图1-7　公众平台小程序管理

使用以上任何一个方式都可以完成小程序的注册，完成小程序注册后还需进行小程序的审核操作。

1.2 安装开发工具

为了帮助开发者简单和高效地开发和调试微信小程序，微信推出了全新的微信开发者工具，集成了公众号网页调试和小程序调试两种开发模式。

1. 公众号网页调试

使用公众号网页调试，开发者可以调试微信网页授权和微信JS-SDK工具包。

2. 小程序调试

使用小程序调试，开发者可以完成小程序的API和页面的开发调试、代码查看和编辑、小程序预览和发布等功能。

1.2.1 下载与安装

对于微信小程序开发工具，可在微信官方文档网站下载最新的小程序开发工具版本，如图1-8所示。

Windows 仅支持 Windows 7 及以上版本。

稳定版 Stable Build (1.03.2006090)

测试版缺陷收敛后转为稳定版。

Windows 64 、 Windows 32 、 macOS

预发布版 RC Build (1.03.2006091)

预发布版，包含大的特性；通过内部测试，稳定性尚可

Windows 64 、 Windows 32 、 macOS

开发版 Nightly Build (1.04.2006242)

日常构建版本(基于 NW.js 0.44.6)，用于尽快修复缺陷和敏捷上线小的特性；开发自测验证，稳定性欠佳

Windows 64、Windows 32、macOS

图 1-8　下载最新版本

然后根据计算机自身安装的操作系统版本，选择适用于 Windows 64 位、Windows 32 位或者 macOS 的安装版本。下面以下载 Windows 64 位版本的小程序开发工具为例，介绍它的安装过程，如图 1-9～图 1-13 所示。

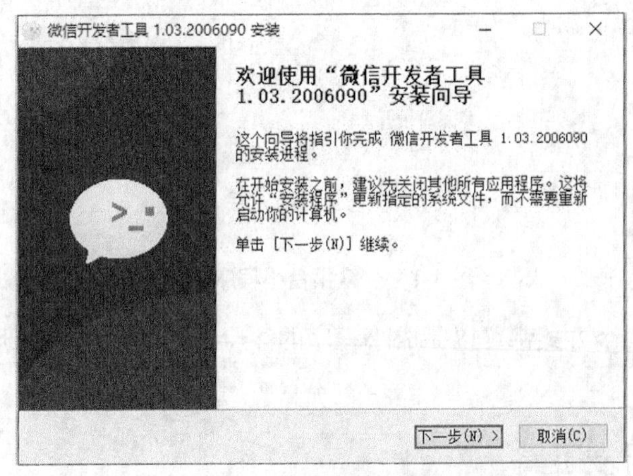

图 1-9　安装第一步

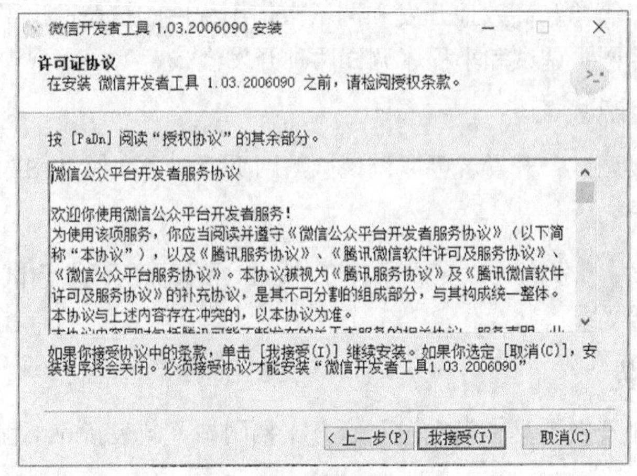

图 1-10　安装第二步

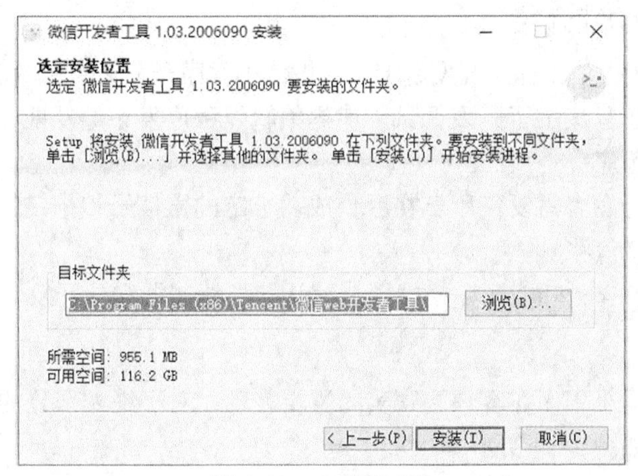

图 1-11　安装第三步

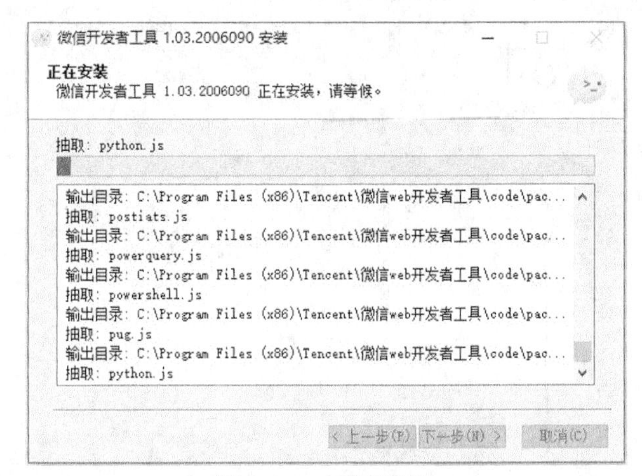

图 1-12　安装第四步

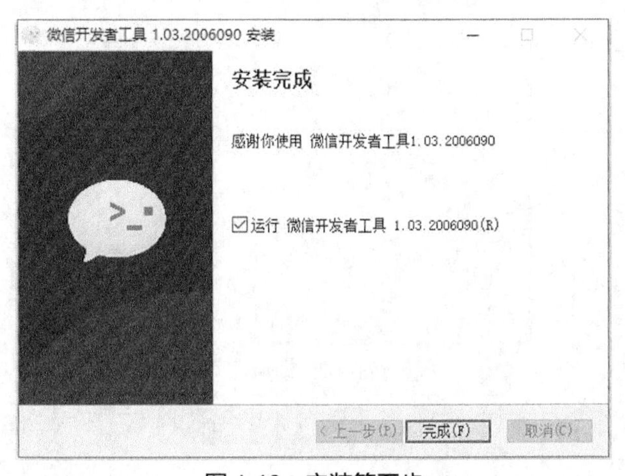

图 1-13　安装第五步

安装完微信小程序开发者工具后，就可以进行小程序的开发工作了。

1.2.2　开发工具功能介绍

微信团队发布了微信小程序开发者工具、微信小程序开发文档和微信小程序设计指南。微信小程序开发者工具集成了开发调试、代码编辑及程序发布等功能，帮助开发者简单、高效地开发微信小程序。

启动工具时，开发者需要使用已在后台成功绑定的微信号扫描二维码登录，后续所有的操作都会基于该微信账号。

程序调试主要有 4 大功能区：模拟器、编辑器、调试器和云开发。

1. 模拟器

模拟器模拟微信小程序在客户端真实的逻辑表现，对于绝大部分的 API 模拟器能够呈现出正确的状态，如图 1-14 所示。

图 1-14　模拟器

2. 编辑器

微信小程序编辑器可以对当前项目进行代码编写和文件的添加、删除及重命名等基本操作，如图 1-15 所示。工具目前提供了对 5 种文件的编辑功能：wxml、wxss、js、json、wxs，并具有图片文件的预览功能。同大多数编辑器一样，工具提供了较为完善的自动补全功能：js 文件编辑能帮助开发者补全所有的 API 及相关的注释解释，并提供代码模板支持；wxml 文件编辑能帮助开发者直接写出相关的标签和标签中的属性；json 文件编辑能帮助开发者补全相关的配置，并给出实时的提示。

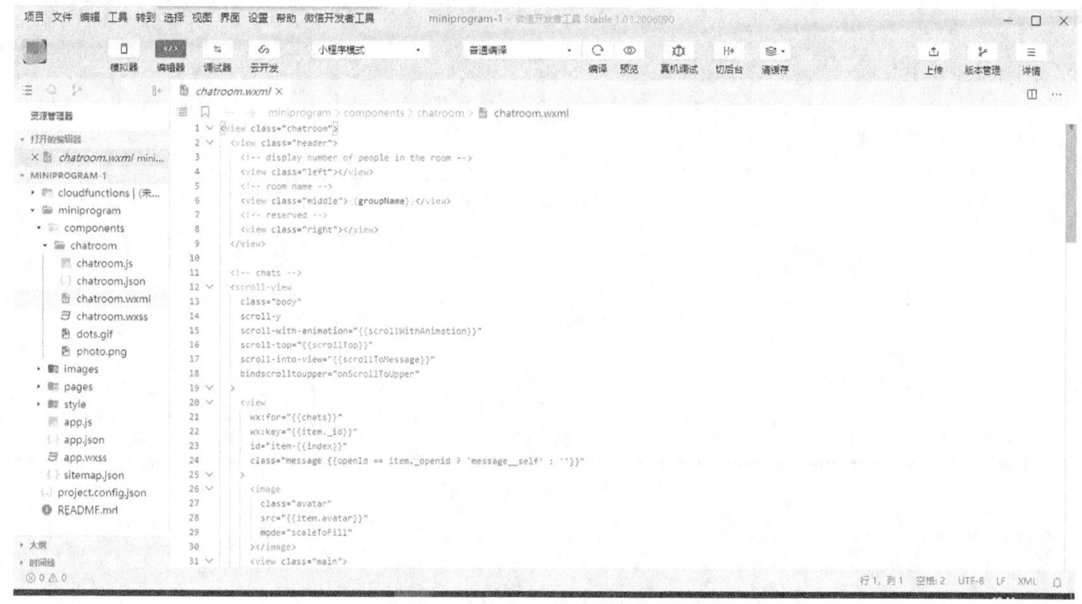

图 1-15 微信小程序编辑器

单击上方“预览”功能按钮，开发工具会自动编译和构建代码，并生成代码包上传到微信服务器，成功后将会显示该项目的二维码，开发者用微信扫描二维码即可在手机上看到相应项目的真实表现。

3. 调试器

调试器分为 11 个功能模块：Console、Sources、Network、Security、Mock、AppData、Audits、Sensor、Storage、Trace 和 Wxml。

Console 模块有两大功能：开发者输入和调试代码，以及微信小程序的错误输出，如图 1-16 所示。Sources 模块用于显示当前项目的脚本文件，同浏览器开发不同，微信小程序框架会对脚本文件进行编译，所以在 Sources 模块中，开发者看到的文件是处理之后的脚本文件，开发者的代码都会被包裹在 define 函数中。Network 模块用于观察和显示 request 和 socket 的请求情况。

Security、Mock、Audits 和 Trace 模块分别可以对小程序进行安全认证、数据模拟、体验评分和性能监控。AppData 模块用于显示当前项目当前时刻 appdata 的具体数据，实时地反馈项目数据情况，用户可以在此处编辑数据，数据结果将及时反馈到界面上。Sensor 模块主要有两个功能，分别用于选择模拟地理位置和模拟移动设备表现（用于调试重力感应 API）。Storage 模块用于显示当前项目使用 wx.setStorage 或 wx.setStorageSync 后的数据存储情况。Wxml 模块用于帮助开发者开发 Wxml 转化后的界面，如图 1-17 所示。在这里可以看到真实的页面结构及结构对应的 WXSS 属性，同时可以修改对应的 WXSS 属性，在模拟器中实时看到修改的情况。

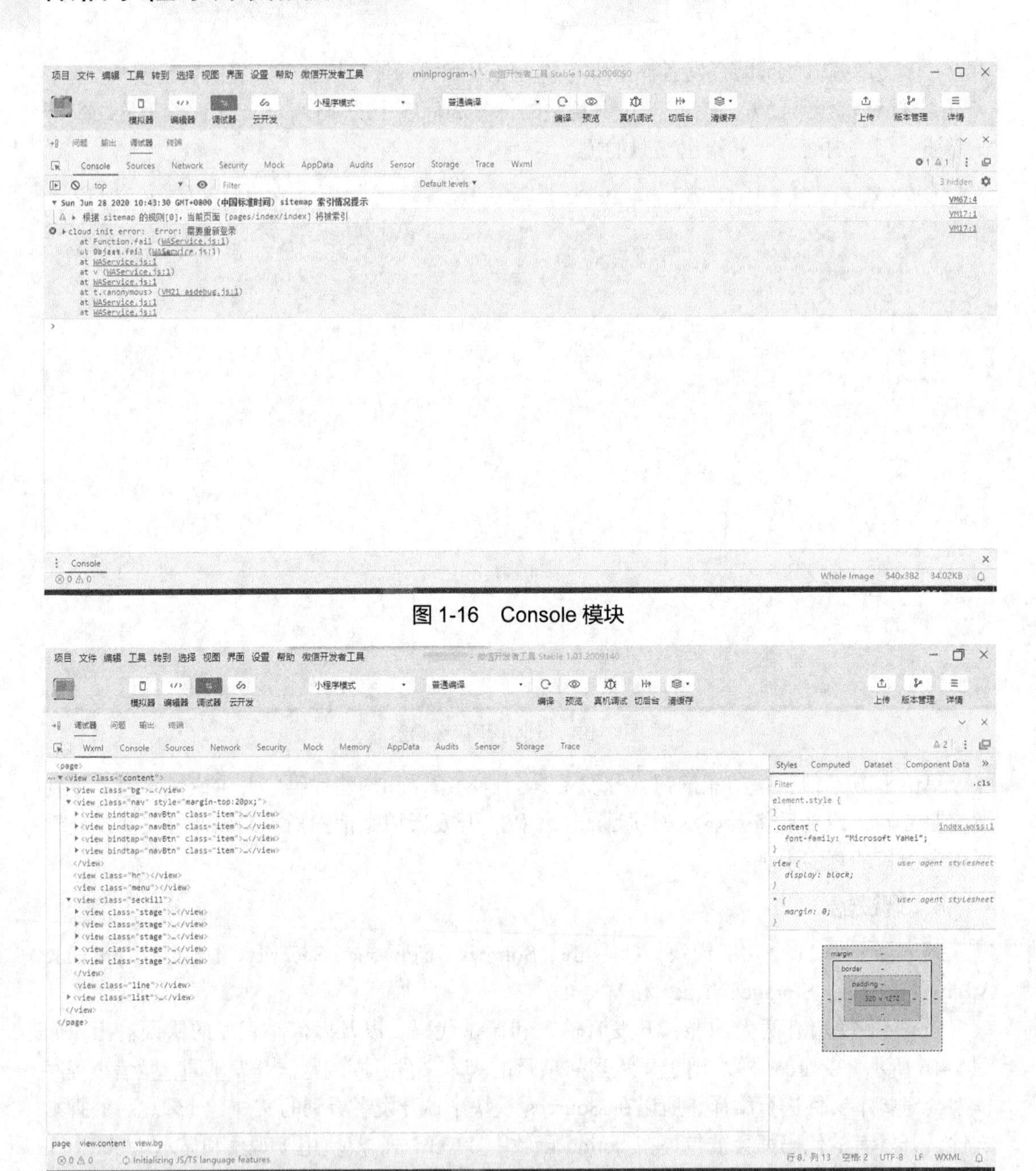

图 1-16　Console 模块

图 1-17　Wxml 模块

4．云开发

云开发为开发者提供完整的原生云端支持和微信服务支持，弱化后端和运维概念，开发者无须搭建服务器，使用平台提供的 API 进行核心业务开发，即可实现快速上线和迭代。同时，这一功能同开发者已经使用的云服务相互兼容，并不互斥。

单击微信小程序开发工具的“云开发”模块，会弹出云开发控制台窗口，如图 1-18 所示。云开发控制台主要包括运营分析、数据库、存储和云函数 4 个模块。开发者可以使用云开发的云函数、数据库、存储和云调用等功能。

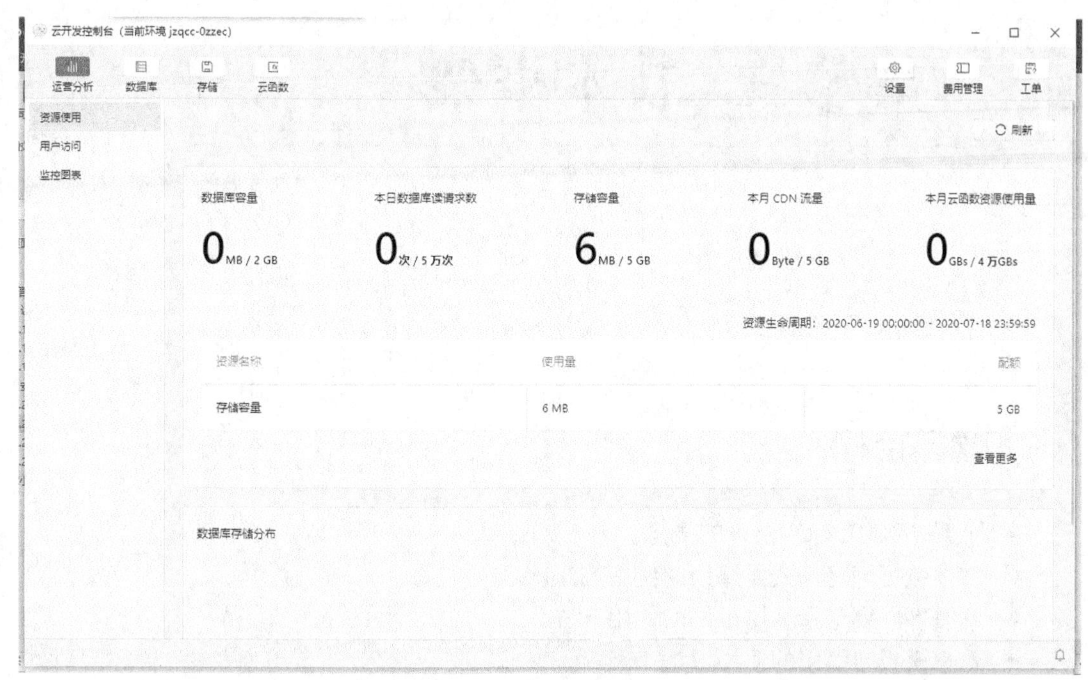

图 1-18　云开发控制台

1.2.3　常见快捷键

常见快捷键主要有格式调整相关操作快捷键和光标相关操作快捷键，具体快捷键如下。

1. 格式调整相关操作快捷键

- Ctrl+S：最简单的保存文件操作，每次保存都会自动编译。
- Shift+Alt+F：对空行、缩进等的处理操作。
- Alt+Up，Alt+Down：直接对当前光标所在行进行移动操作。
- Shift+Alt+Up，Shift+Alt+Down：直接对当前光标所在行进行复制操作，将复制后的行置于当前行上方或下方。
- Ctrl+Shift+Enter：在当前光标所在行的上方插入一行。

2. 光标相关操作快捷键

- Ctrl+Home、Ctrl+End：将光标移动到文件头部或尾部。
- Ctrl+I：选中当前光标所在的行。
- Shift+Home、Shift+End：选中从行首至光标处代码、选中从光标处至行尾代码。

1.3　本章小结

本章从微信小程序的发展历程开始，先介绍小程序的功能和小程序注册的方式，然后讲解了微信小程序的安装开发工具，对微信小程序的开发做了一个入门级的讲解，为后续更深入的开发讲解做铺垫。

第 2 章　技术框架

学习目标

- 了解 WXML 标签语言的概念。
- 掌握数据绑定、页面渲染的使用方法。
- 掌握事件绑定和常用事件的使用方法。
- 熟悉模板与引用的使用方法。

从官方 DEMO 来看，小程序在技术架构上非常清晰易懂。JavaScript 负责业务逻辑的实现，而视图层则由 WXML（WeiXin Markup Language）和 WXSS（WeiXin Style Sheets）共同实现，前者其实就是一种微信定义的模板语言，而后者类似 CSS（Cascading Style Sheets）。所以对擅长前端开发，或者 Web 开发的广大开发者而言，小程序的开发可谓降低了不少门槛。

2.1 总体技术框架

微信小程序总体技术框架分为视图层、逻辑层等几个部分。视图层负责页面结构、样式和数据展示，用 WXML、WXSS 编写。逻辑层负责业务逻辑、调用 API 等，用 JavaScript 编写。视图层和逻辑层类似 MVVM（Model-View-ViewModel）模式，逻辑层只需对数据对象进行更新，就可以改变视图层的数据显示。总体技术框架如图 2-1 所示。

从图 2-1 可以看出，视图层和逻辑层分离，它们通过数据驱动、事件交互相联系，不直接操作 DOM（Document Object Model）。视图层负责渲染页面结构，与逻辑层通过数据和事件进行通信；逻辑层负责逻辑处理、数据请求、接口调用等，并且提供数据给视图层。

同时，从图 2-1 也可看出，视图层对视图使用 Webview 渲染，逻辑层由 JSCore（iOS）、X5（Android）、nwjs（DevTool）渲染解析。JSBridge 架起上层开发与 Native（系统层）的桥梁，使小程序可通过 API 使用原生的功能，且小程序部分组件是由原生组件实现的，从而使小程序有良好的用户体验。

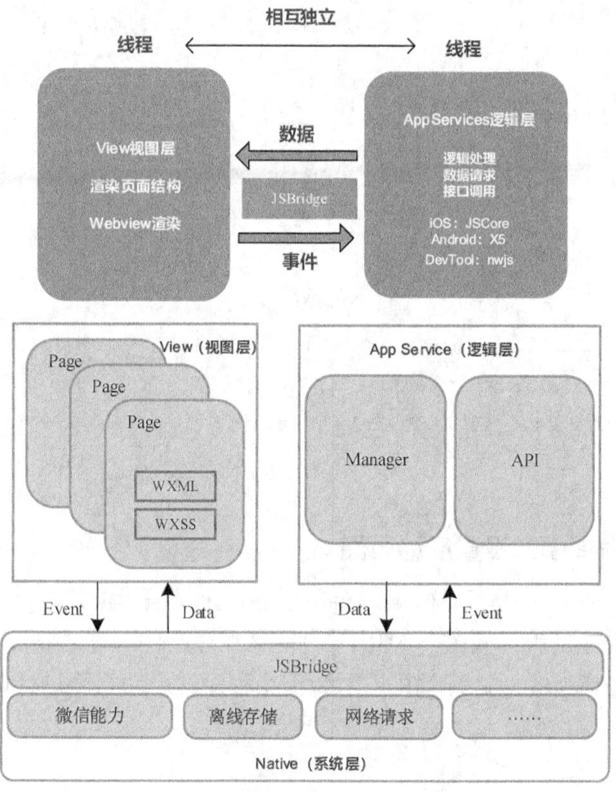

图 2-1　微信小程序总体技术框架

2.1.1　运行机制

小程序启动有两种情况，一种是“冷启动”，另一种是“热启动”。假如用户已经打开过某小程序，然后在一定时间内再次打开该小程序，此时只需将后台的小程序切换到前台，这个过程就是热启动；冷启动指的是用户首次打开或小程序被微信主动销毁后再次打开的情况，此时小程序需要重新加载启动。

小程序冷启动时如果发现新版本，客户端将会异步下载新版本的代码包，并同时用客户端本地的包进行启动，即新版本的小程序需要等待下一次冷启动才会应用。如果需要马上应用最新版本，可以使用 wx.getUpdateManager API 进行处理。

对于运行机制，需要注意的是，小程序没有重启的概念。另外，当小程序进入后台时，客户端会维持一段时间的运行状态，超过一定时间（目前是 5 min）后，小程序会被微信主动销毁。当短时间（5 s）内连续收到两次以上系统内存警告信息时，微信也会销毁小程序。

2.1.2　启动配置

由于微信小程序运行成功后需要跳转到启动页面，因此微信小程序需要设置启动页面。微信小程序跳转启动页面主要有两种方法。

1. 通过配置全局文件 app.json 设置启动页面

在 app.json 中，pages 数组中的第一个页面就是默认启动页面，所以只需要调整当前开发的页面在 pages 数组中的顺序即可，代码如下。

```
1. page.json:
2. {
3.   "pages":[
4.     "pages/index/index",
5.     "pages/logs/logs"
6.   ],
7.   "window":{
8.     "backgroundTextStyle":"light",
9.     "navigationBarBackgroundColor": "#fff",
10.    "navigationBarTitleText": "hello",
11.    "navigationBarTextStyle":"black"
12.  }
13. }
```

2. 通过添加编译模式设置启动页面

可以通过微信小程序开发工具的编译菜单添加自定义编译模式。单击“编译”按钮前的下拉列表框，选择“添加编译模式”，弹出“自定义编译条件”对话框，在框中可以设置“启动页面”“启动参数”等参数，这样就可以对微信小程序的启动页面进行设置，如图 2-2 所示。

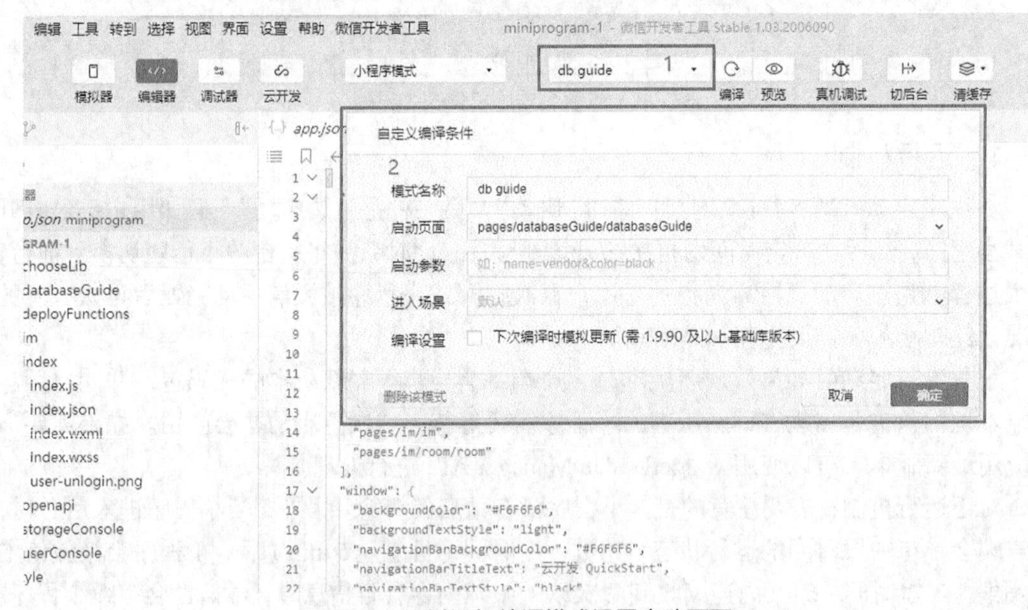

图 2-2　通过添加编译模式设置启动页面

2.1.3　目录结构

当打开一个微信小程序项目后，单击“编辑器”，在左侧可以看到资料管理器，用于管理所有的小程序文件，可以看到其包含 5 个文件或文件夹：pages 文件夹、utils 文件夹、全局文件 app.js、全局文件 app.json、图片编辑工具文件 app.wxss。小程序包含一个描述主体程序的 app 和多个描述各自页面的 page。一个小程序主体部分由 3 种文件组成，这些文件必须放在项目的根目录下，见表 2-1。

表 2-1　小程序的主体部分

文件	是否必需	作用
app.js	是	小程序逻辑
app.json	是	小程序公共配置
app.wxss	否	小程序公共样式表

另外，一个小程序页面由 4 个文件组成，见表 2-2。

表 2-2　小程序页面的 4 种文件

文件类型	是否必需	作用
js	是	页面逻辑
wxml	是	页面结构
json	否	页面配置
wxss	否	页面样式表

下面详细介绍小程序页面中每种文件、文件夹的功能，以及注意事项。

1. pages 文件夹

pages 主要存放小程序的页面文件，其中每个文件夹为一个页面，每个页面包含 4 个文件，如图 2-3 所示。

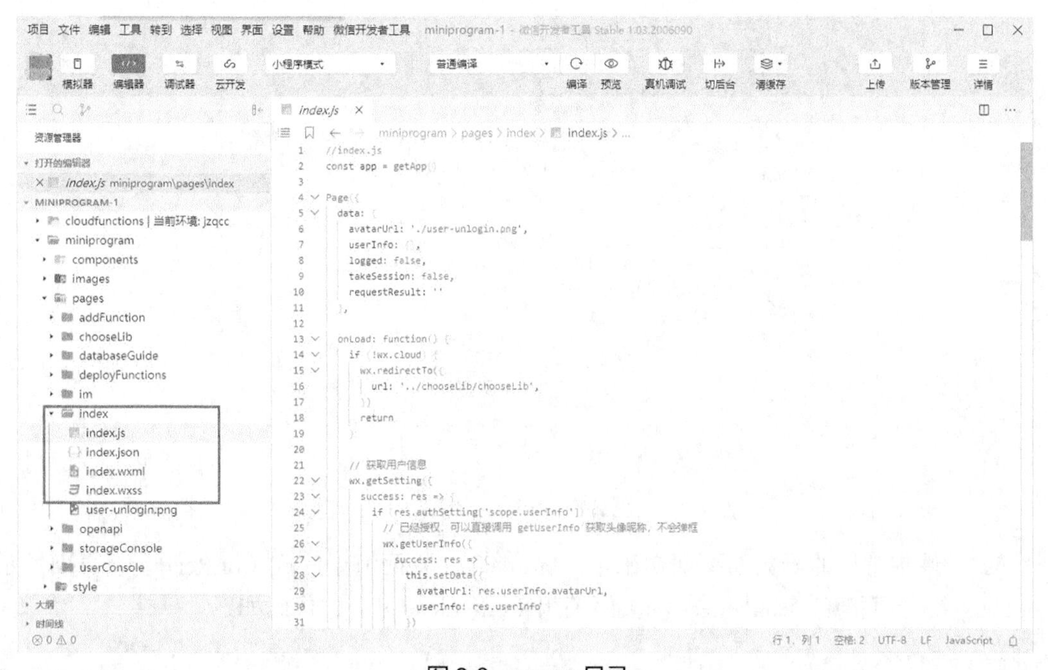

图 2-3　pages 目录

（1）index.js。此 js 文件是小程序的逻辑文件，也称事件交互文件和脚本文件，用于处理界面的单击事件等，如设置初始数据、定义事件、数据的交互、逻辑的运算、变量的声明，以及数组、对象、函数、注释的方式等，其语法与 JavaScript 相同，如将 data 里 motto 中的“Hello World”改为“Hello 微信小程序”，则其代码如图 2-4 所示。修改页面启动时的显示页面，或者新增函数，如图 2-5 所示。

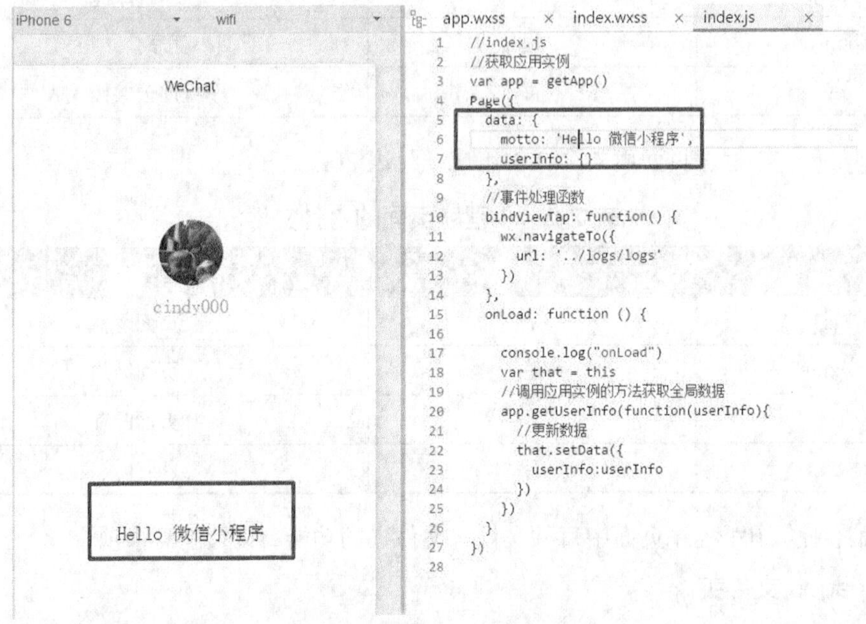

图 2-4　index.js 里面的代码

```
pages
  index
    index.js
    index.json
    index.wxml
    index.wxss
  logs
utils
app.js
app.json
app.wxss
project.config.json
```

```
index.js
1  //index.js
2  //获取应用实例
3  const app = getApp()
4
5  Page({
6    data: {
7      motto: 'Hello World',
8      userInfo: {},
9      hasUserInfo: false,
10     canIUse: wx.canIUse
   ('button.open-type.getUserInfo')
11   },
12   //事件处理函数
13   bindViewTap: function() {
14     wx.navigateTo({
15       url: '../logs/logs'
16     })
17   },
18   onLoad: function () {
19     if (app.globalData.userInfo) {
20       this.setData({
21         userInfo: app.globalData.userInfo,
22         hasUserInfo: true
23       })
```

图 2-5　onLoad 函数

js 文件中常用的函数如页面初始化（onLoad）、页面渲染完成（onReady）、页面显示（onShow）、页面隐藏（onHide）和页面关闭（onUnload）等，代码如下。

```
1.  Page({
2.    data:{
3.      // text:"这是一个页面"
4.    },
```

```
5.    onLoad:function(options){
6.      // 页面初始化，options 为页面跳转所带来的参数
7.      console.log('App onLoad')
8.    },
9.    onReady:function(){
10.     // 页面渲染完成
11.     console.log('App onReady')
12.   },
13.   onShow:function(){
14.     // 页面显示
15.     console.log('App onShow')
16.   },
17.   onHide:function(){
18.     // 页面隐藏
19.     console.log('App onHide')
20.   },
21.   onUnload:function(){
22.     // 页面关闭
23.     console.log('App onUnload')
24.   }
25. })
```

（2）index.json。此 json 文件是配置文件，主要存放 JSON 格式的数据，用于设置程序的配置效果。可以在 index 目录下创建 json 配置文件，如图 2-6 所示。index.json 配置文件只能配置本级目录下的页面文件，并且只能对导航栏的相关文件进行修改，如修改导航栏的文字、背景颜色、文字颜色等。其语法与 JSON 语法相同。图 2-7 所示代码可以修改导航栏的背景颜色为红色。

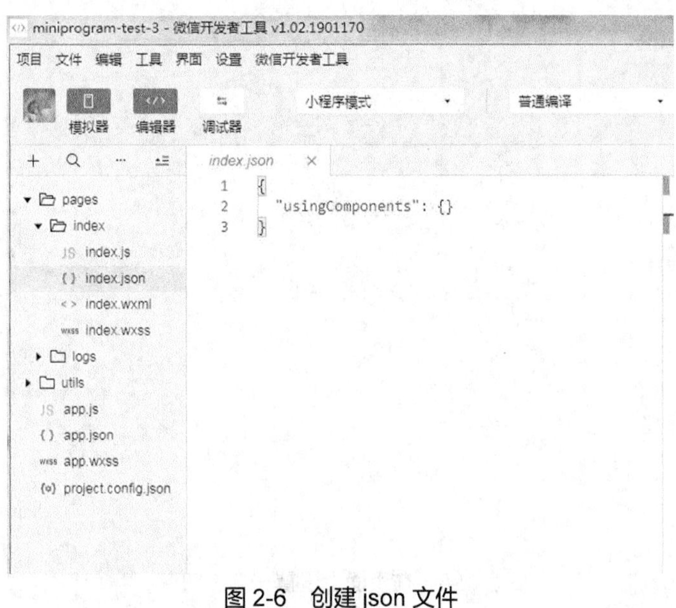

图 2-6　创建 json 文件

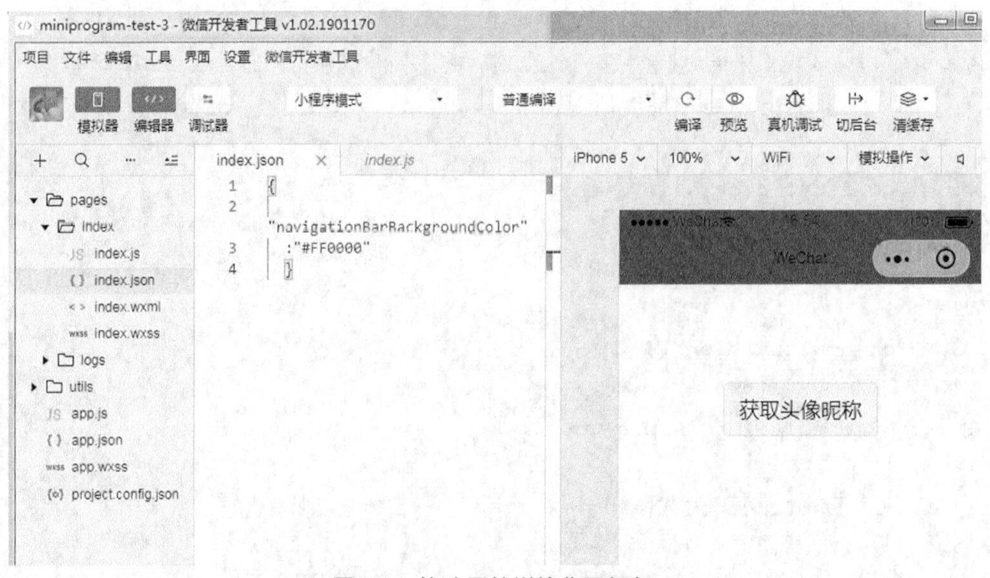

图 2-7　修改导航栏的背景颜色

（3）index.wxml。此 wxml 文件是界面文件，同时也是页面结构文件，主要用于构建页面以及在页面上增加控件。WXML 是微信标签语言，与其他一般标签语言一样，该语言在编写的过程中需要标签成对，标签名小写，可以通过引用 class 来控制外观，也可以通过绑定事件来进行逻辑处理，通过渲染来实现需要的列表等。微信标签语言是连接用户操作和后端逻辑的纽带，在页面上看到的内容，都可以在这里编辑，例如，图 2-8 所示为在页面上设置一个按钮的代码及效果。

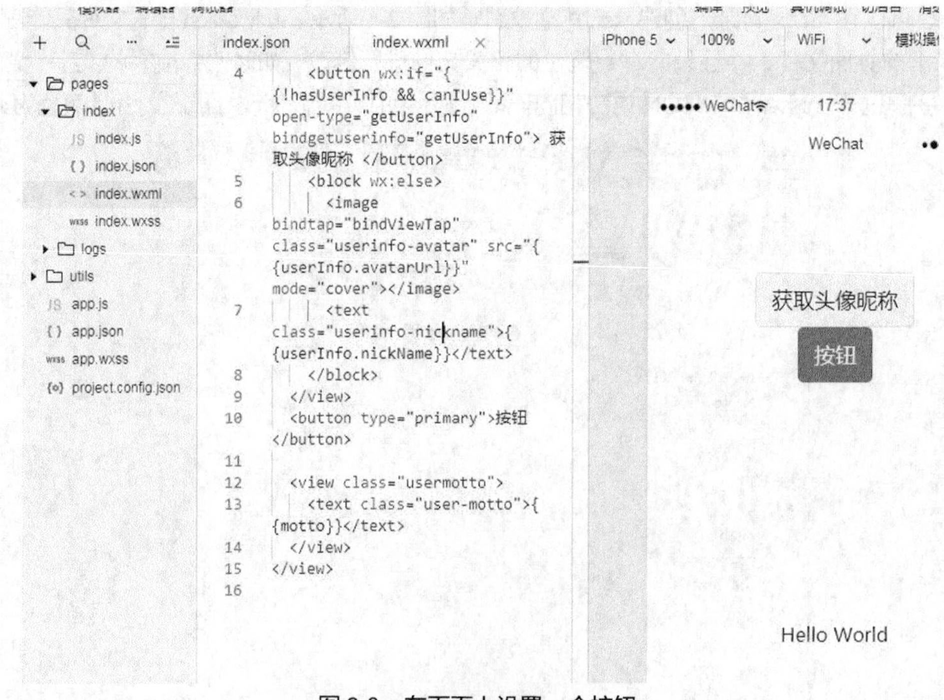

图 2-8　在页面上设置一个按钮

（4）index.wxss。此 wxss 文件是样式表文件，类似于前端中的 CSS，它是对 wxml 文件和 page 文件进行美化的文件。wxss 可以设置文字的大小、颜色，图片的宽、高，以及 wxml 中各个组件的位置、间距等。

注意：

① 小程序每个页面必须有 wxml 和 js 文件，其他两种类型的文件可以不需要。

② 文件名称必须与页面的文件夹名称相同，如 index 文件夹，其中的文件只能是 index.wxml、index.wxss、index.js 和 index.json。

2. utils 文件夹

该文件夹主要用于存放全局的 js 文件，共用的一些事件处理代码文件可以放到该文件夹下，用于全局调用。例如，公用的方法、对时间的处理等，代码如下。

```
1.  module.exports = {
2.   formatTime: formatTime
3.  }
```

对于允许外部调用的方法，在用 module.exports 语句进行声明后，才能在其他 js 文件中用以下代码引入。

```
1.  var util = require('../../utils/util.js')
```

然后就可以调用该方法。例如，定义一个 util 函数，代码如下。

```
1.  function util(){
2.   console.log("模块被调用了!! ")
3.  }
4.  module.exports.util = util
```

然后在 index.js 文件中调用这个 util 函数，代码如下。

```
1.  var common = require('../../utils/util.js')
```

保存后，在后台可以看到，定义的 util 内容被调用了。

3. app.js 文件、app.json 文件、app.wxss 文件

（1）app.js 文件用于存放系统方法处理的全局文件。在整个小程序中，每一个框架页面和文件都可以使用 this 语句获取该文件中规定的函数和数据。app.js 包含一个 app 方法，此方法提供对应事件的定义，代码如下。

```
1.  App({
2.   onLaunch: function () {
3.     console.log('App Launch')
4.   },
5.   onShow: function () {
6.     console.log('App Show')
7.   },
8.   onHide: function () {
9.     console.log('App Hide')
10.  }
11. })
```

app 方法用于注册一个小程序、接收一个 object 参数和指定小程序的生命周期函数等。

（2）app.json 文件用于存放系统全局配置文件，是必需文件。该文件可设置页面路径、网络、调试模式、导航条的颜色、字体大小、是否有 tabbar 等。具体页面的配置可在页面的 json 文件中单独修改，任何一个页面都需要在 app.json 中注册，如果不在 json 中添加页面说明，页面是无法打开的，代码如下。

```
1.  "pages":[
2.    "pages/index/index",
3.    "pages/logs/logs"
4.  ],
```

（3）app.wxss 文件用于存放全局界面美化样式代码文件。此文件的优先级没有项目中页面的 wxss 文件优先级高。例如，在 index.wxss 中将头像的外边距设置为 200 像素，代码如下。

```
1.  .usermotto {
2.   margin-top: 200px;
3.  }
```

在 app.wxss 中也可定义全局的头像外边距为 400 像素，代码如下。

```
1.  .usermotto {
2.   margin-top: 400px;
3.  }
```

在执行重启的过程中，可以看到全局的参数被 index.wxss 里的设置覆盖了。

2.2 逻辑层

逻辑层，是进行事务逻辑处理的地方。对小程序而言，逻辑层就是 js 脚本文件的集合。逻辑层将数据进行处理后发送给视图层，同时接收视图层的事件反馈。

微信小程序开发框架的逻辑层由 JavaScript 编写。在 JavaScript 的基础上，微信团队进行了一些适当的修改，以提高开发小程序的效率，主要修改包括如下内容。

（1）增加 app 和 page 方法，进行程序和页面的注册。

（2）提供丰富的 API，如扫一扫、支付等微信特有的功能。

（3）每个页面有独立的作用域，并提供模块化能力。

逻辑层是通过编写各个页面的 js 脚本文件实现的，但由于小程序并非运行在浏览器中，所以 JavaScript 在 Web 中的一些功能无法使用，如 document、window 等。

2.2.1 程序注册

在逻辑层，app 方法用来注册一个小程序。app 方法接收一个 object 参数，用于指定小程序的生命周期函数等。app 方法有且仅有一个，存放于 app.js 中。app 方法的 object 参数见表 2-3。

表 2-3 app 方法的 object 参数

属性	类型	描述	触发时机
onLaunch	Function	生命周期函数——监听小程序初始化	当小程序初始化完成时，会触发 onLaunch（全局只触发一次）

续表

属性	类型	描述	触发时机
onShow	Function	生命周期函数——监听小程序初始化	当小程序启动，或从后台进入前台显示时，会触发 onShow
onHide	Function	生命周期函数——监听小程序初始化	当小程序从前台进入后台时，会触发 onHide
onError	Function	错误监听函数	当小程序发生脚本错误，或者 API 调用失败时，会触发 onError 并显示错误信息
其他	Any		开发者可以添加任意的函数或数据到 Object 参数中，用 this 可以访问

前台、后台：用户在当前界面运行或操作小程序时为前台；当用户按左上角关闭按钮，或者设备 Home 键离开微信时，小程序并没有被直接销毁，而是进入后台；当用户再次进入微信或再次打开小程序时，小程序又会从后台进入前台。

销毁：只有当小程序进入后台一定时间，或者系统资源占用过高时，小程序才会被真正销毁，此时代表小程序的生命周期结束。

关闭：当用户从扫一扫、转发等入口（场景值为 1007、1008、1011、1025）进入小程序，并在没有置顶小程序的情况下退出，小程序会被销毁，此功能自公共库版本 1.1.0 开始支持。

示例代码如下。

```
1.  App({
2.     onLaunch: function(){
3.       //启动时执行的初始化工作
4.     },
5.     onShow: function(){
6.       //小程序从后台进入前台时，触发执行的操作
7.     },
8.     onHide: function(){
9.       //小程序从前台进入后台时，触发执行的操作
10.    },
11.    globalData:'I am global data'
12. })
```

2.2.2 路由与场景值

路由指分组数据包从源到目的地时，决定端到端路径的网络范围的进程。小程序的页面路由，指的是根据路由规则（路径）从一个页面跳转到另一个页面的规则。

微信小程序的场景值是微信小程序的进入方式。

1. 路由方式

路由方式见表 2-4。

表 2-4 路由方式

方式	触发时机	路由前页面	路由后页面
初始化	小程序打开的第一个页面		onLoad, onShow
打开新页面	调用 API wx.navigateTo 或使用组件<navigator open-type="navigateTo"/>	onHide	onLoad, onShow
页面重定向	调用 API wx.redirectTo 或使用组件<navigator open-type="redirectTo"/>	onUnload	onLoad, onShow
页面返回	调用 API wx.navigateBack 或使用组件<navigator open-type="navigateBack">或用户按左上角返回按钮	onUnload	onShow
Tab 切换	调用 API wx. switchTab 或使用组件<navigator open-type="switchTab">或调用 API wx.switchTab		
重启动	调用 API wx.reLaunch 或使用组件<navigator open-type="reLaunch"/>	onUnload	onLoad, onShow

对于页面跳转触发的生命周期，其存在的问题为当 open-type 类型为 switchTab 时，跳转会出现不生效现象。

首页跳转到子页面后，在子页面上使用如下代码。

```
1.  <navigator open-type='switchTab' url="/pages/index/index" >
2.      <view>跳转首页</button>
3.  </navigator>
```

这种方式在跳转上有问题，解决的办法是通过 JavaScript 来实现跳转，代码如下。

```
1.  <view class="weui-btn-area">
2.     <button class="weui-btn" bindtap="backIndex" type="default">返回主页
       </button>
3.               </view>
```

跳转成功后，重新调用 onLoad，JavaScript 代码如下。

```
1.  backIndex:function(){
2.      wx.switchTab({
3.        url: '/pages/index/index',
4.        success: function (e) {
5.          var page = getCurrentPages().pop();
6.          if (page == undefined || page == null) return;
7.          page.onLoad();
8.        }
9.      })
10.  }
```

2. 页面栈

页面栈以栈（先进后出）的形式维护页面与页面之间的关系。小程序提供了getCurrentPages函数获取页面栈，第一个元素为首页，最后一个元素为当前页面，使用步骤如下。

（1）使用wx.navigateTo，每新开一个页面，页面栈大小加1，直到页面栈大小为5，如图2-9所示。

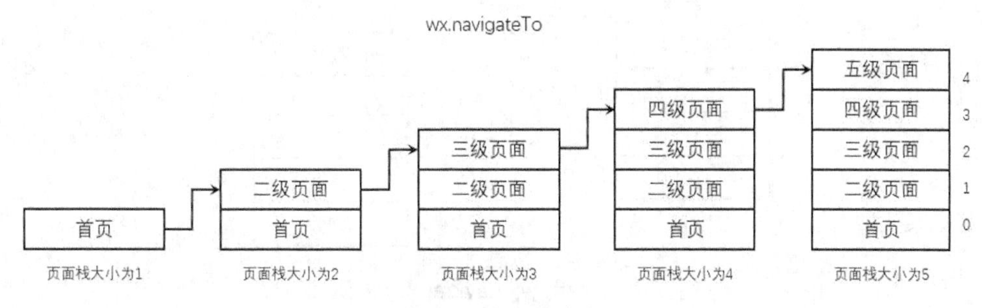

图2-9　页面栈大小

（2）使用wx.navigateTo重复打开页面，如图2-10所示。

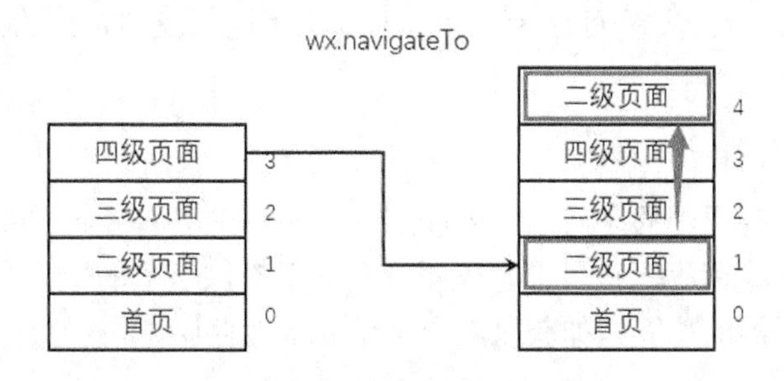

图2-10　重复打开页面

在图2-10中，假如使用wx.navigateTo从四级页面跳转到二级页面，那么此时会在页面栈顶添加一个与二级页面初始状态一样的页面，但两个页面状态是独立的。页面栈大小会加1，如果页面栈大小为5，则wx.navigateTo无效，这时需要使用wx.redirectTo重定向，如图2-11所示。

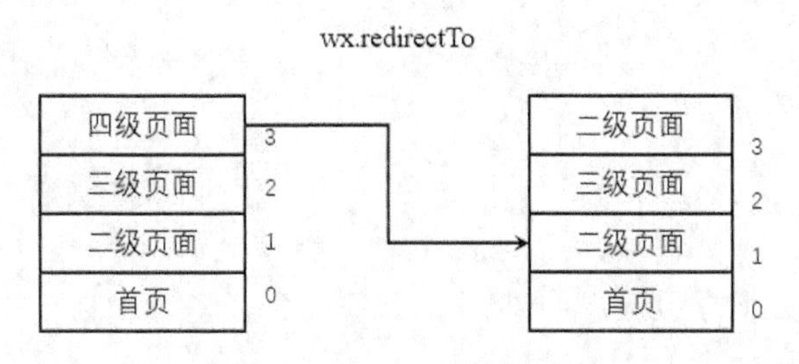

图2-11　使用wx.redirectTo重定向

在图2-11中，假如使用wx.redirectTo从四级页面重定向到二级页面，此时会关闭四级页面，并使用二级页面替换四级页面，但两个页面状态是独立的。此时的页面栈大小不变，要注意使用 wx.redirectTo 和使用 wx.navigateTo 的区别。

（3）使用 wx.navigateBack 返回，如图 2-12 所示。

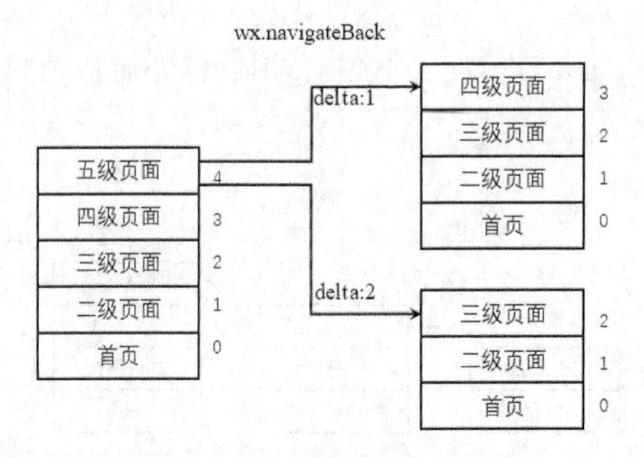

图 2-12 使用 wx.navigateBack 返回

在图 2-12 中，假如当前页面为五级页面，使用 wx.navigateBack 返回。则当 delta 为 1 时，关闭五级页面，当前页面为四级页面，页面栈大小减 1；当 delta 为 2，依次关闭五级页面和四级页面，当前页面为三级页面，页面栈大小减 2；依次类推，直到栈底（首页）。

2.2.3 模块化和 API

模块化就是将一些通用的东西抽出来放到一个文件中，通过 module.exports 暴露接口。API 是微信小程序的应用程序接口，小程序开发框架提供丰富的微信原生 API，开发者可以方便地调用微信提供的功能，如获取用户信息、本地存储、用户支付等。

1. 模块化

js、wxs、wxml 这 3 类文件都可以模块化。

（1）js 文件的模块化。首先要了解一点，在每个 js 文件里定义的变量、函数，只在当前的文件里有效，也就是说每个 js 文件的作用域只在文件内部。

js 文件的模块引用语法如下。

```
1.  // b.js
2.  function yyy() {
3.      // ...
4.  }
5.  module.exports = {
6.    yyy: yyy
7.  }
8.  //  a.js
9.  var xxx = require('b.js')
```

这样，在 a.js 文件里，就可以用 xxx.yyy 的形式调用在 b.js 文件中定义的方法。也就是将一些公共的代码抽离成为一个单独的 js 文件，作为一个模块。模块只有通过 module.exports 才能对外暴露接口，代码如下。

```
1.  function sayHello(name) {
2.    console.log('Hello ${name} !')
3.  }
4.  function sayGoodbye(name) {
5.    console.log('Goodbye ${name} !')
6.  }
```

其他文件调用模块 js 文件的方法（使用 require(path)）如下。

```
1.  var common = require('common.js')
2.  Page({
3.    helloMINA: function() {
4.      common.sayHello('MINA')
5.    },
6.  })
```

（2）wxs 文件的模块化。<wxs>标签属性如下。

module：当前<wxs>标签的模块名，必填字段。

src：引用 wxs 文件的相对路径。

<wxs>标签模块的定义和使用方法举例如下。

```
1.  <wxs module="foo">
2.  var some_msg = "hello world";
3.  module.exports = {
4.      msg : some_msg,
5.  }
6.  </wxs>
7.  <view> {{foo.msg}} </view>
```

wxs 文件作为一个模块，只有通过 module.exports 才能对外暴露接口，示例如下。

```
1.  var foo = "'hello world' from tools.wxs";
2.  var bar = function (d) {
3.    return d;
4.  }
5.  module.exports = {
6.    FOO: foo,
7.    bar: bar,
8.  };
9.  module.exports.msg = "some msg";
```

其他文件调用模块 wxs 文件的方法（使用 require(path)）如下。

```
1.  var tools = require("./tools.wxs");
2.  console.log(tools.FOO);
3.  console.log(tools.bar("logic.wxs"));
```

```
4.  console.log(tools.msg);
5.  < wxs > 标签调用模块 wxs 文件（调用 js 文件和 wxs 文件的不同点）
6.  <wxs src="./../logic.wxs" module="tool" />
```

（3）wxml 文件模块化。wxml 提供了模板（template），开发者可以在模板中定义代码片段，然后在不同的地方调用。另外，模板拥有自己的作用域，该作用域只能使用 data 传入的数据及模板定义文件中定义的<wxs/>模块。template 模块化的步骤如下。

① 定义模板 template。这需要使用 name 属性作为模板的名字，然后在其中定义代码片段，示例如下。

```
1.  <!-- first.wxml -->
2.  <template name="msgItem">
3.    <view>
4.      <text> {{index}}: {{msg}} </text>
5.      <text> Time: {{time}} </text>
6.    </view>
7.  </template>
```

② 在当前文件中调用模板 template。这需要使用 is 属性，声明需要使用的模板，然后将模板需要的 data 传入，示例如下。

传入单个 data 的代码如下。

```
1.  <!-- first.wxml -->
2.  <template is="msgItem" data="{{text: 'forbar'}}"/>
```

传入多个 data 的代码如下。

```
1.  <!-- first.wxml -->
2.  <template is="msgItem" data="{{...item}}"/>
3.  <!-- first.js -->
4.  Page({
5.    data: {
6.      item: {
7.        index: 0,
8.        msg: 'this is a template',
9.        time: '2016-09-15'
10.     }
11.   }
12. })
```

③ 其他文件调用模板 template（使用 import 语句）传入单个 data，若要传入多个 data，可仿照上一段代码，示例如下。

```
1.  <!-- second.wxml -->
2.  <import src="first.wxml"/>
3.  <template is="msgItem" data="{{text: 'forbar'}}"/>
```

④ 其他文件将<template/> <wxs/>之外的整个代码引入（使用 include 语句），示例如下。

```
1.  <!-- second.wxml -->
2.  <include src="header.wxml"/>
3.  <view> body </view>
4.  <include src="footer.wxml"/>
5.  <!-- header.wxml -->
6.  <view> header </view>
7.  <!-- footer.wxml -->
8.  <view> footer </view>
```

2. API

小程序提供了一个简单、高效的应用开发框架，丰富的组件和 API，帮助开发者在微信中开发具有原生 APP 服务体验的程序。

微信小程序不支持 AJAX，那么它是如何实现数据请求功能的呢？微信中提供了 API 的调用接口 wx.request(OBJECT)，由它来实现数据请求功能，代码如下。

```
1.  wx.request({
2.    url: 'test.php', //仅为示例，并非真实的接口地址
3.    data: {
4.       x: '' ,
5.       y: ''
6.    },
7.    header: {
8.      'content-type': 'application/json' // 默认值
9.    },
10.   success: function(res) {
11.     console.log(res.data)
12.   }
13. })
```

2.3 视图层

小程序技术框架的视图层由 WXML 与 WXSS 编写，由组件进行展示。

对于微信小程序而言，视图层就是所有 wxml 文件与 wxss 文件的集合，其中 wxml 文件用于描述页面的结构，而 wxss 文件用于描述页面的样式。

微信小程序在逻辑层将数据进行处理后发送给视图层展现出来，同时接收视图层的事件反馈。另外，视图层以给定的样式展现数据并将时间反馈给逻辑层，而数据展现是以组件的形式进行的。组件（Component）是视图的基本单元，是构建 wxml 文件必不可少的。

对于小程序的 WXML 编码开发，基本上可以认为就是使用组件，结合时间系统构建页面结构的过程。wxml 文件中所绑定的数据，均来自于对应页的 js 文件中 Page 方法的 data 对象。

视图层分为 WXML、WXSS 和基础组件，下面将对这几部分进行简单介绍。

2.3.1 WXML

WXML 是为小程序 MINA 框架设计的语言，它结合基础组件和事件系统，构建出页面的结构，具体功能如下。

1. 数据绑定

数据绑定就是在视图上规定动态变量，并在 js 脚本中进行定义。在本例中，数据来源是 js 文件里的 motto 变量，至于样式，则是 user-motto，如图 2-13 所示。

```
index.js    index.wxml
1  <!--index.wxml-->
2  <view class="container">
3    <view class="userinfo">
4      <button wx:if="{{!hasUserInfo && canIUse}}" open-type="getUserInfo"
   bindgetuserinfo="getUserInfo"> 获取头像昵称 </button>
5      <block wx:else>
6        <image bindtap="bindViewTap" class="userinfo-avatar" src="{
   {userInfo.avatarUrl}}" mode="cover"></image>
7        <text class="userinfo-nickname">{{userInfo.nickName}}</text>
8      </block>
9    </view>
10   <view class="usermotto">
11     <text class="user-motto">{{motto}}</text>
12   </view>
13 </view>
14
```

图 2-13 数据绑定

同时，在相应的 js 文件中，定义了一个 motto 变量，如图 2-14 所示。

```
index.js    index.wxss
4
5  Page({
6    data: {
7      motto: 'Hello World',
8      userInfo: {},
9      hasUserInfo: false,
10     canIUse: wx.canIUse('button.open-type.getUserInfo')
11   },
12   //事件处理函数
13   bindViewTap: function() {
14     wx.navigateTo({
15       url: '../logs/logs'
16     })
17   },
18   onLoad: function () {
19     if (app.globalData.userInfo) {
20       this.setData({
21         userInfo: app.globalData.userInfo,
22         hasUserInfo: true
23       })
```

图 2-14 定义 motto 变量

最后在 wxss 文件中，为变量编写样式，动态的数据就能展示在视图上了。

总的来说，微信小程序的 wxss 文件的语法，与 CSS 样式非常类似，而小程序的开发语言，与常用的 HTML+CSS+JavaScript 比较类似。

2. 列表渲染

先在相应的 js 文件中，定义一个列表变量，然后在 wxml 文件中，使用 wx:for 引用该列表变量，如图 2-15 所示。

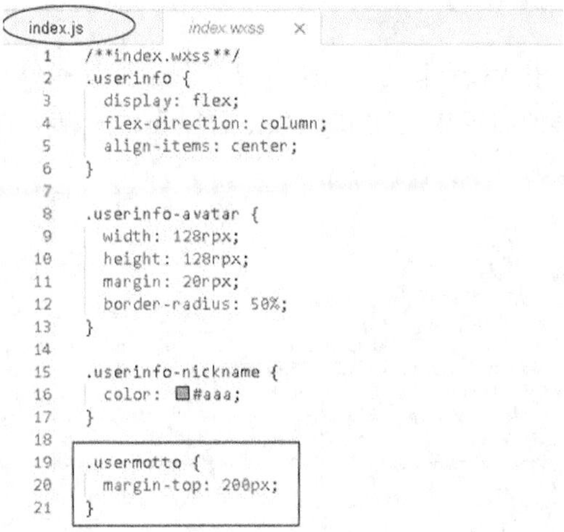

```
index.js    index.wxss ×
1  /**index.wxss**/
2  .userinfo {
3    display: flex;
4    flex-direction: column;
5    align-items: center;
6  }
7
8  .userinfo-avatar {
9    width: 128rpx;
10   height: 128rpx;
11   margin: 20rpx;
12   border-radius: 50%;
13 }
14
15 .userinfo-nickname {
16   color: #aaa;
17 }
18
19 .usermotto {
20   margin-top: 200px;
21 }
```

图 2-15　变量样式

由于不能在原本的 data 里定义一个 array 变量，所以定义一个新的 data，并将 motto 置于其中。先定义一个列表变量，如图 2-16 所示。

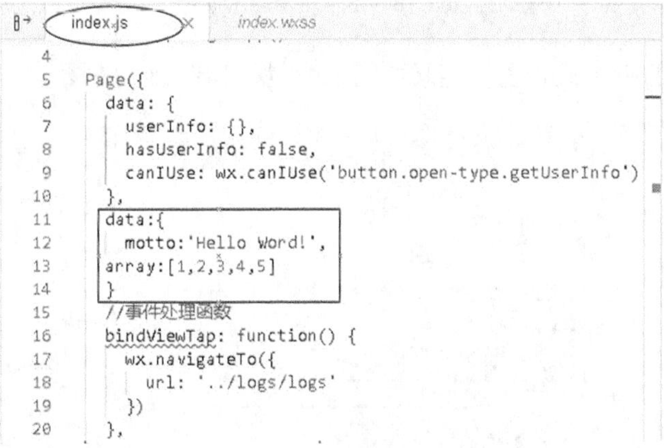

```
index.js ×   index.wxss
4
5  Page({
6    data: {
7      userInfo: {},
8      hasUserInfo: false,
9      canIUse: wx.canIUse('button.open-type.getUserInfo')
10   },
11   data:{
12     motto:'Hello Word!',
13   array:[1,2,3,4,5]
14   }
15   //事件处理函数
16   bindViewTap: function() {
17     wx.navigateTo({
18       url: '../logs/logs'
19     })
20   },
```

图 2-16　定义列表变量

然后在 wxml 文件中，将某个视图连接到相应的列表变量中，如图 2-17 所示。

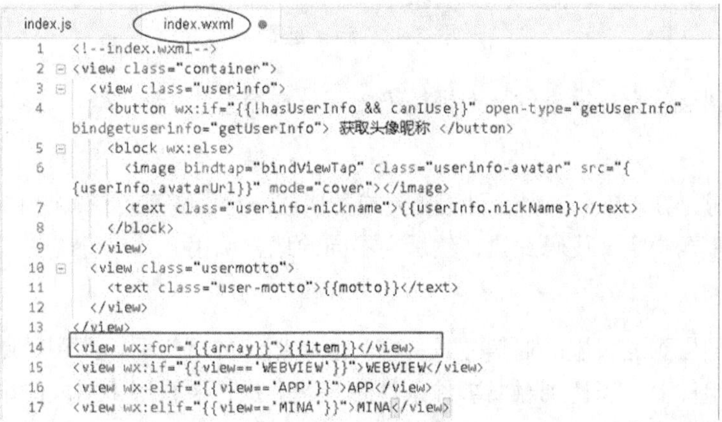

```
index.js    index.wxml ●
1  <!--index.wxml-->
2  <view class="container">
3    <view class="userinfo">
4      <button wx:if="{{!hasUserInfo && canIUse}}" open-type="getUserInfo"
   bindgetuserinfo="getUserInfo"> 获取头像昵称 </button>
5      <block wx:else>
6        <image bindtap="bindViewTap" class="userinfo-avatar" src="{
   {userInfo.avatarUrl}}" mode="cover"></image>
7        <text class="userinfo-nickname">{{userInfo.nickName}}</text>
8      </block>
9    </view>
10   <view class="usermotto">
11     <text class="user-motto">{{motto}}</text>
12   </view>
13 </view>
14 <view wx:for="{{array}}">{{item}}</view>
15 <view wx:if="{{view=='WEBVIEW'}}">WEBVIEW</view>
16 <view wx:elif="{{view=='APP'}}">APP</view>
17 <view wx:elif="{{view=='MINA'}}">MINA</view>
```

图 2-17　将视图连接到相应的列表变量中

3. 条件渲染

在小程序中，可以使用 wx:if 来设定渲染判断条件。如果条件符合，则渲染某一部分内容。使用这个函数，与其他语言中使用 if 函数来打印东西一样。首先在 wxml 中定义 if 判断条件，如图 2-18 所示。

```
index.js    index.wxml
1  <!--index.wxml-->
2  <view class="container">
3    <view class="userinfo">
4      <button wx:if="{{!hasUserInfo && canIUse}}" open-type="getUserInfo"
bindgetuserinfo="getUserInfo"> 获取头像昵称 </button>
5      <block wx:else>
6        <image bindtap="bindViewTap" class="userinfo-avatar" src="{
{userInfo.avatarUrl}}" mode="cover"></image>
7        <text class="userinfo-nickname">{{userInfo.nickName}}</text>
8      </block>
9    </view>
10   <view class="usermotto">
11     <text class="user-motto">{{motto}}</text>
12   </view>
13 </view>
14 <view wx:if="{{view=='WEBVIEW'}}">WEBVIEW</view>
15 <view wx:elif="{{view=='APP'}}">APP</view>
16 <view wx:elif="{{view=='MINA'}}">MINA</view>
```

图 2-18　定义 if 判断条件

然后，在相应的脚本代码里，定义所需的变量，如图 2-19 所示。

```
index.js    index.wxml
4
5  Page({
6    data: {
7      userInfo: {},
8      hasUserInfo: false,
9      canIUse: wx.canIUse('button.open-type.getUserInfo')
10   },
11   data:{
12     motto:'Hello Word!',
13   array:[1,2,3,4,5],
14   view:'MINA'
15   },
16   //事件处理函数
17   bindViewTap: function() {
18     wx.navigateTo({
19       url: '../logs/logs'
20     })
21   },
22   onLoad: function () {
```

图 2-19　定义变量

之后，视图层就会根据条件，选择渲染的部分内容。

4. 模板

模板的意思是在 WXML 中，引用相同或类似的部分。WXML 提供模板（template），开发者可以在模板中定义代码片段，然后在不同的地方调用。

5. 事件

事件是视图层到逻辑层的通信方式，它可以将用户的行为反馈到逻辑层进行处理。事件可以绑定在组件上，当达到触发事件条件时，就会执行逻辑层中对应的事件处理函数。事件对象可以携带额外信息，如 id、dataset、touches 等数据。

6. 引用

WXML 提供两种文件引用方式，分别是 import 和 include。使用 import 可以在该文件中使用目标文件定义的 template。例如，在 item.wxml 中定义了一个名为 item 的模板，并在 index.wxml 中引用 item.wxml，那么就可以在 index.wxml 中，使用 item 模板，代码如下。

```
1.  <!—item.wxml-->
2.  <template name="item">
3.  <text>{{text}}</text>
4.  <template>
5.  <!—index.wxml -->
6.  <import src="item.wxml"/>
7.  <template is="item" data="{{text:'forbar'}}"/>
```

2.3.2 WXSS

WXSS 是小程序的样式语言，用于描述 WXML 的组件样式。

WXSS 用来决定 WXML 的组件应怎样显示。wxss 文件是纯粹的样式文件，该文件决定了字体的大小和背景颜色等。

为了适应广大的前端开发者，WXSS 具有 CSS 大部分特性。同时为了更适合开发微信小程序，WXSS 对 CSS 进行了扩充和修改。与 CSS 相比，WXSS 扩展的特性有尺寸单位和样式导入两项。尺寸单位增加了 rpx（responsive pixel），它是一个可以根据屏幕宽度进行自适应的单位，它将屏幕宽度规定为 750 rpx，这样的好处是，可以直接指定一个部件出现在哪个位置，而不用管手机是什么样子的，从而确保了最好的视觉体验。样式导入是使用 @import 语句导入外联样式表，@import 后跟需要导入的外联样式表的相对路径，用“;”表示语句结束。

2.3.3 基础组件

框架为开发者提供了一系列基础组件，开发者可以通过组合这些基础组件进行快速开发。那么，什么是组件呢？组件是视图层的基本组成单元，它自带一些具有微信风格的功能。另外，一个组件通常包括开始标签和结束标签，内容在两个标签之内。属性用来修饰这个组件，属性类型见表 2-5。

表 2-5 属性类型

类型	描述	注解
Boolean	布尔值	组件中包含该属性时，其值均为 true；否则为 false。如果属性值为变量，变量的值会被转换为 Boolean 类型
Number	数字	1,2.5
String	字符串	"string"
Array	数组	[1, "string"]

组件的全局属性见表 2-6。

表 2-6　组件的全局属性

属性名	类型	描述	注解
id	String	组件的唯一标识	保持整个页面唯一
class	String	组件的样式类	在对应的 WXSS 中定义的样式类
style	String	组件的内联样式	可以动态设置的内联样式
hidden	Boolean	组件是否显示	所有组件默认显示
data-*	Any	自定义属性	组件上触发事件时，属性值会发送给事件处理函数
bind* / catch*	EventHandler	组件的事件	

基础组件分为 7 类，第 1 类是视图容器（View Container），见表 2-7。

表 2-7　视图容器

组件名	说明
view	视图容器
scroll-view	可滚动视图容器
swiper	滑块视图容器

视图容器的 view 如图 2-20 所示。

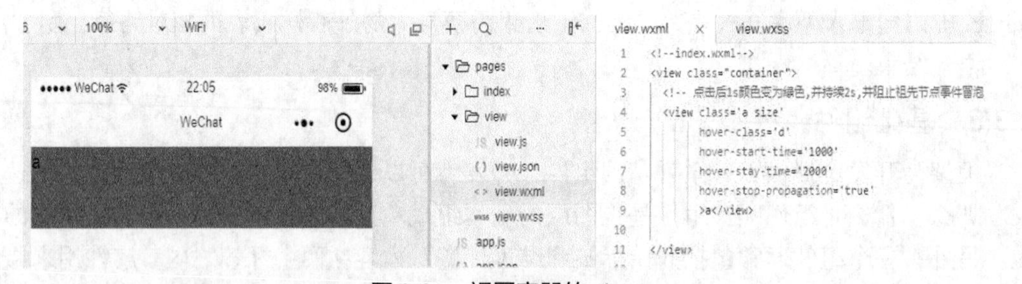

图 2-20　视图容器的 view

第 2 类是基础内容（Basic Content），见表 2-8，第 3 类至第 7 类分别是表单（Form）、导航（Navigation）、多媒体（Media）、地图（Map）和画布（Canvas）。

表 2-8　基础内容

组件名	说明
icon	图标
text	文字
progress	进度条
progress	进度条

2.4 组件事件与行为数据缓存插件

插件，是可被添加到小程序内直接使用的功能组件。开发者可以像开发小程序一样开发一个插件，供其他小程序使用。同时，小程序开发者可直接在小程序内使用插件，无须重复开发，从而为用户提供更丰富的服务。

插件是一组由 JavaScript 和自定义组件封装的代码库，插件无法单独使用，也无法预览，必须被其他小程序应用才能使用。它与 npm 的依赖库、Maven 的依赖库是同样的原理。

不过，插件与 npm、Maven 依赖管理不同的是：插件拥有独立的 API 接口和域名列表，不被小程序本身的域名列表限制（npm 依赖的库不能进行第三方数据请求）；插件必须由腾讯审核通过才能使用（npm 无须腾讯审核）；使用第三方插件必须向第三方申请（通过 npm 使用第三方库无须向第三方申请）。所以在未来，插件或许会被第三方打包成为服务，而不仅仅只是一个代码库。

2.4.1 开发插件

要开发微信小程序插件，首先需要打开开发者工具，进入小程序项目，如图 2-21 所示。

单击小程序项目右下角的“创建”链接，如图 2-22 所示，就可以创建插件了。

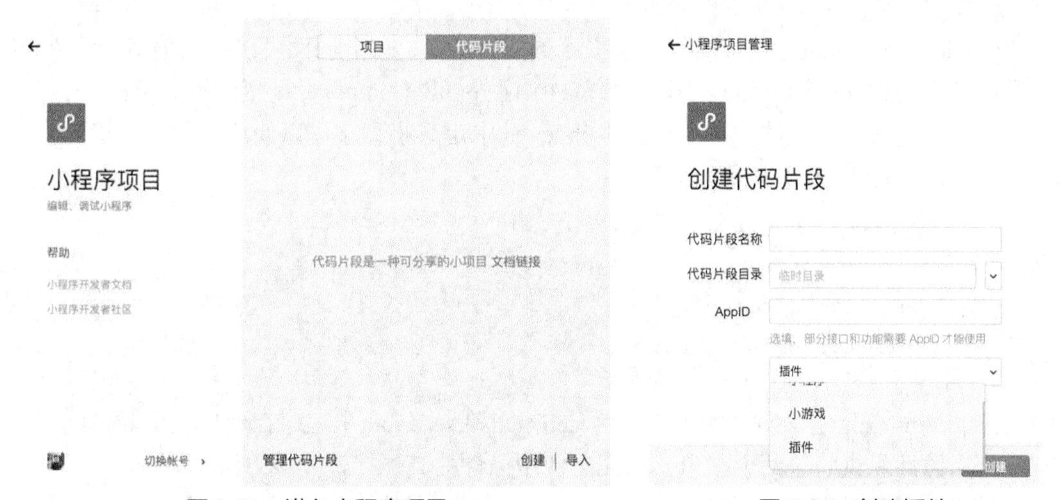

图 2-21 进入小程序项目　　　　图 2-22 创建插件

插件的 AppID 和之前微信小程序的 AppID 的设置方法类似，需要在微信开发者后台新建一个小程序插件。

微信小程序插件的名称也必须是独一无二的，微信小程序申请完毕后就可以获得插件的 AppID 了。填写名称和插件 AppID 后，就可以进入小程序项目。

文件 project.config.json 的代码如下。

```
1.  {
2.      miniprogramRoot:./miniprogram,
3.      pluginRoot:./plugin,
4.      compileType:plugin,
5.      setting: {
```

```
6.        newFeature: true
7.     },
8.     appid: .....,
9.     projectname:videoPlayer,
10.    condition: {}
11. }
```

miniprogramRoot：配置小程序的根目录，可以使用小程序来测试编写的插件。

pluginRoot：插件相关代码所在的根目录。

compileType：项目的编译类型，必须配置为 plugin，代码才会以插件的方式上传到腾讯服务器。

plugin/plugin.json 文件的代码如下。

```
1.  {
2.    publicComponents: {
3.      hgPlayer:components/player/player
4.    },
5.    main: index.js
6.  }
```

publicComponents：配置插件给小程序提供的组件，一个插件可以定义很多个组件，组件和组件之间相互引用，但是小程序只能使用在 publicComponents 里配置的组件。

main：定义入口文件，在入口文件 index.js 中定义小程序可以使用的插件的接口。

plugin/index.js 文件的代码如下。

```
1.  var data =require(\'./api/data.js\')
2.  module.exports= {
3.    getData: data.getData,
4.    setData: data.setData
5.  }
```

plugin/index.js 定义对外抛出接口为 getData 和 setData，小程序在使用这个插件的时候，只能使用插件提供的这两个接口，而无法使用插件的其他接口（或方法）。

做好以上配置后，就可以在 plugin/components 文件中编写组件代码了。

代码编写完毕后，注意在 plugin/plugin.json 文件进行配置。配置好后，就可以上传插件代码到腾讯服务器，进入微信小程序开发者后台提交审核，腾讯审核通过后，第三方小程序就可以使用这个插件了。

在使用第三方插件之前，需要进入微信小程序开发者后台，在第三方服务里添加插件，如图 2-23 所示。

在使用第三方插件的时候，需要在小程序的 app.json 里做如下配置。

```
1.  {
2.    pages: [
3.      pages/index/index
4.    ],
```

```
5.    plugins: {
6.      myPlugin: {
7.        version: dev,
8.        provider: 填写申请通过的插件 AppId
9.      }
10.  }
11. }
```

plugins：配置要使用的第三方插件列表。

图 2-23　在第三方服务里添加插件

插件列表配置好后，由于每个插件中可能会有多个组件，所以需要在每个页面定义要使用的组件，例如，在 index.js 中要使用 hgPlayer 这个组件，需要配置 index.json。配置好 index.json 后，就可以在 index.wxml 直接使用该组件了。

2.4.2　使用插件

在使用插件前，首先要在小程序管理后台的“设置>第三方服务>插件管理”中添加插件。开发者可登录小程序管理后台，通过 AppID 查找插件并添加。如果插件无须申请，添加后可直接使用；否则，需要申请并等待插件开发者通过后，方可在小程序中使用相应的插件，具体操作步骤如下。

1. 引入插件代码包

使用插件前，使用者要在 app.json 中声明需要使用的插件，代码如下。

```
1. {
2.   "plugins": {
3.     "myPlugin": {
4.       "version": "1.0.0",
5.       "provider": "wxidxxxxxxxxxxxxxxxx"
6.     }
```

```
7.     }
8.  }
```

如上例所示，plugins 定义段中可以包含多个插件声明，每个插件声明以一个使用者自定义的插件引用名为标识，并指明插件的 AppID 和需要使用的版本号。其中，引用名（如上例中的 myPlugin）由使用者自定义，无须与插件开发者保持一致或与开发者协调。在后续的插件使用中，该引用名将被用于表示该插件。

2. 在分包内引入插件代码包

如果插件只在一个分包内使用，可以将插件放在该分包内，代码如下。

```
1.  {
2.    "subpackages": [
3.      {
4.        "root": "packageA",
5.        "pages": ["pages/cat", "pages/dog"],
6.        "plugins": {
7.          "myPlugin": {
8.            "version": "1.0.0",
9.            "provider": "wxidxxxxxxxxxxxxxxx"
10.         }
11.       }
12.     }
13.   ]
14. }
```

在分包内使用插件有如下限制。

① 仅能在这个分包内使用该插件。

② 同一个插件不能被多个分包同时引用。

③ 目前，还不能从分包外的页面直接跳入分包内的插件页面，需要先跳入分包内的非插件页面，再跳入同一分包内的插件页面。

3. 使用插件

使用插件时，插件的代码对于使用者来说是不可见的。为了正确使用插件，使用者应查看插件详情页面中的“开发文档”一节，阅读由插件开发者提供的插件开发文档，通过文档来明确插件提供的自定义组件、页面及 js 接口等，下面对这几部分进行详细的介绍。

（1）自定义组件。使用插件提供的自定义组件，与使用普通自定义组件的方式相仿。在 json 文件中定义需要引入的自定义组件时，需使用 plugin://协议指明插件的引用名和自定义组件名，代码示例如下。

```
1.  {
2.    "usingComponents": {
3.      "hello-component": "plugin://myPlugin/hello-component"
4.    }
5.  }
```

出于对插件的保护，插件提供的自定义组件在使用上有一定的限制。

① 默认情况下，页面中的 this.selectComponent 接口无法获得插件的自定义组件实例对象。

② wx.createSelectorQuery 等接口的>>>选择器无法进入插件内部。

（2）页面。插件的页面从小程序基础库版本 2.1.0 开始支持。需要跳转到插件页面时，url 需使用 plugin://前缀，形如 plugin://PLUGIN_NAME/PLUGIN_PAGE，代码示例如下。

```
1.  <navigator url="plugin://myPlugin/hello-page">
2.    Go to pages/hello-page!
3.  </navigator>
```

（3）js 接口。使用插件的 js 接口时，可以使用 requirePlugin 方法。例如，插件提供一个名为 hello 的方法和一个名为 world 的变量，其调用方法如下。

```
1.  const myPluginInterface = requirePlugin('myPlugin')
2.  myPluginInterface.hello()
3.  const myWorld = myPluginInterface.world
```

2.4.3 插件功能页

插件功能页从小程序基础库版本 2.1.0 开始支持。

某些接口不能在插件中直接调用（如 wx.login），但插件开发者可以通过使用插件功能页的方式来实现功能。目前，插件功能页包括如下内容。

- 获取用户信息，包括 openid 和昵称等（相当于 wx.login 和 wx.getUserInfo 的功能），详见用户信息功能页。
- 支付（相当于 wx.requestPayment），详见支付功能页。
- 获取收货地址（相当于 wx.chooseAddress），详见收货地址功能页。

要使用插件功能页，需要先激活功能页特性，配置对应的功能页函数，再使用<functional-page-navigator>组件跳转到插件功能页，从而实现对应的功能，详情如下。

1. 插件所有者小程序

插件功能页是插件所有者小程序中的一个特殊页面。插件所有者小程序，指的是与插件 AppID 相同的小程序。例如，“小程序示例”小程序开发了一个“小程序示例插件”，那么无论这个插件被哪个小程序使用，这个插件的插件所有者小程序都是“小程序示例”。

2. 激活功能页特性

要在插件中调用插件功能页，需要先激活插件所有者小程序的功能页特性。具体来说，在插件所有者小程序的 app.json 文件中添加 functionalPages 定义字段，并令其值为 true，代码示例如下。

```
1.  {
2.    "functionalPages": {
3.      "independent": true
4.    }
5.  }
```

目前，兼容旧式写法，代码如下。

```
1.  {
2.    "functionalPages": true
3.  }
```

旧式写法在未来将不被支持，并且这种旧式写法不能编译上传。

这两种写法的区别在于，新式的写法"independent": true 会使插件功能页的代码独立于其他代码，这意味着插件功能页可以被独立下载、加载，具有更好的性能表现。但也同时使插件功能页目录 functional-pages/（支付功能页会使用其中的文件）不能获取这个目录以外的文件，反之亦然，这个目录以外的文件也不能调用这个目录内的文件。

注意，新增或改变 functionalPages 字段时，小程序需发布新版本，才能在正式环境中使用插件功能页。

3. 跳转到功能页

功能页不能使用 wx.navigateTo 进行跳转，而是需要一个名为<functional-page-navigator>的组件。以获取用户信息为例，可以在插件中放置如下的<functional-page-navigator>组件，示例代码如下。

```
1.  <functional-page-navigator
2.    name="loginAndGetUserInfo"
3.    args=""
4.    version="develop"
5.    bind:success="loginSuccess"
6.  >
7.    <button>登录到插件</button>
8.  </functional-page-navigator>
```

用户在单击这个 navigator 时，会自动跳转到插件所有者小程序的对应功能页。功能页会提示用户登录或进行其他相应的操作，操作结果会以组件事件的方式返回。

<functional-page-navigator>的参数和详细使用方法可以参考组件说明。小程序从 2.4.0 基础库版本开始支持插件所有者小程序跳转到自己的功能页。当基础库版本低于 2.4.0 时，用户单击跳转到自己的功能页的<functional-page-navigator>组件将没有任何反应。

2.5 本章小结

本章从微信小程序的总体框架开始，先介绍小程序的运行机制，包括它的启动配置和目录结构，然后介绍逻辑层的程序注册、路由与场景值、模块化和 API 的相关知识点，又从小程序的标签语言 WXML、样式语言 WXSS、组件等方面介绍了展示给用户的视图层，同时讲解了如何开发和使用小程序插件。

第3章 WXML 标签语言

学习目标

- 了解 WXML 标签语言的概念。
- 掌握数据绑定和页面渲染的使用方法。
- 掌握事件绑定和常用事件的使用方法。
- 熟悉模板和引用的使用方法。

WXML 是微信小程序团队设计的一套标签语言，可以构造出页面的结构。借助 WXML 提供的组件，可以实现文字的嵌入、图片的嵌入、视频的嵌入和各种功能的嵌入。

WXML 结合基础组件、事件系统，可以构建出页面的结构。在微信小程序中没有 HTML，但是有 WXML，WXML 类似于 HTML。

3.1 语法规范

在小程序中，WXML 的标签名称与 HTML 有点不同。WXML 的标签是 view、button、text 等，这些标签是小程序为开发者包装好的基本能力。另外，小程序还提供了地图、视频、音频等组件的标签。

WXML 的语法规则如下。

（1）所有元素都必须闭合标签。

```
1.  <text>Hello World</text>
```

（2）所有嵌套元素都必须嵌套闭合标签。

```
1.  <view>（开始标签 1）<text>（开始标签 2）Hello World</text>（结束标签 2）</view>
（结束标签 1）
```

（3）属性值必须使用引号包裹。

```
1.  <text id = "myText"（参数值必须使用引号包围） >myText</text>
```

（4）标签必须使用小写。

```
1.  <text（小写）>Hello World</text>
```

（5）WXML 中连续多个空格会被合并为 1 个空格。

```
1.  <text>Hello       （此处 7 个空格）World</text>
2.  <text>Hello （合并为 1 个空格） World</text>
```

从上面的 WXML 语法规则可以看出，它与 HTML 语言非常相似。下面用 WXML 语言编写一个简单的小程序。

```
1.  <!--index.wxml-->
2.  <view class="container">
3.    <view class="userinfo">
4.      <button wx:if="{{!hasUserInfo && canIUse}}" open-type="getUserInfo"
        bindgetuserinfo="getUserInfo"> 你的头像昵称 </button>
5.      <block wx:else>
6.        <image bindtap="bindViewTap"
7.   class="userinfo-avatar" src="{{userInfo.avatarUrl}}" mode="cover"></image>
8.        <text class="userinfo-nickname">{{userInfo.nickName}}</text>
9.      </block>
10.   </view>
11.   <view class="usermotto">
12.     <text class="user-motto">{{motto}}</text>
13.   </view>
14. </view>
```

运行结果如图 3-1 所示。

WXML 具有如下特点。

（1）WXML 的单标签必须是以“/>”结尾的，不然会报错。

（2）基础标签<view>是块标签，<text>是文本标签，而其他标签，如<div>标签都是 inline 标签。WXML 的 parser 会把 inline 标签上不在白名单上的属性都去掉，class、id、data 这些都在白名单内，所以用传统的 HTML 的标签构建页面理论上也是可行的，不过这些都是 inline 标签，需要自行设定 display 属性。

（3）scroll-view（滚动条）的 scroll-top（垂直滚动）和 scroll-left（横向滚动）可以修改 scroll-view 的滚动位置。但是用户操作了滚动条之后小程序并不会去改变 scroll-top 或 scroll-left 的赋值。如果此时使用 setData 去修改的话，scroll-top 和 scroll-left 的赋值与上一次的相同，也就是设置没有生效。这时只能先设置一个其他值，再赋值回去（这里还可以体现 setData 方法是同步的）。如需获取 scroll-view 的 scroll 位置，只能通过 bindscroll 的回调函数获取。

图 3-1　简单小程序

（4）input 标签目前只支持文字居左，但模拟器可以实现文字居中或居右。如果制作提交表单，建议把 input 等表单元素都放在表单 form 中，from 触发 submit 时会返回内部所有表单元素的 name-value，否则只能通过绑定所有表单元素的 change 事情来获取 name-value。

（5）只有 checkbox-group 有 change 事件，单个 checkbox 是没有 change 事件的，如果

只有一个 checkbox，则需要在 checkbox 组件外面套一个 checkbox-group 组件，这样就可以使用 change 事件了。

（6）目前 map 组件直接在 app 第一个页面加载时会加载失败，这需要在 onLoad 之后再加载，可以先通过条件判断 onLoad 加载完成后再加载 map 组件。

（7）map、canvas 组件是在 webview 上面覆盖了一个 native 组件，在这些组件上使用 overflow 及在组件上面覆盖元素，所以不建议在页面上做弹层和蒙层。canvas 组件无法放在 scroll-view 中，滚动会定位在初始位置，如果 canvas 设置有背景颜色，则背景色块会伴随滚动条滚动，而绘制的图不会滚动。

3.2 数据绑定

WXML 在小程序中的扩展名为 wxml，主要有数据绑定、列表渲染、条件渲染、模板、事件、引用等功能。

用户界面呈现会因为时刻不同，数据发生变化而有所不同，也会因为用户操作发生了动态改变，这就要求在程序的运行过程中，要有动态地改变渲染界面的能力，从而达到更好的用户体验。

WXML 的数据均来自对应 Page 的 data，数据绑定使用 Mustache 语法（双花括号）。它的绑定分 3 类，分别是简单绑定、运算绑定和组合绑定。

3.2.1 简单绑定

简单绑定主要包括文本内容绑定和组件属性绑定。

1. 文本内容绑定

在 wxml 文件里输入如下代码，绑定内容 message，用双花括号括起。

```
1.  <view> {{ message }} </view>
```

同时在 js 文件里输入如下代码。

```
1.  Page({
2.    data: {
3.      message: 'Hello CHINA!'
4.    }
5.  })
```

运行结果如 3-2 所示。

图 3-2 小程序绑定内容

2. 组件属性绑定

在 wxml 文件里相应的属性值内输入需要绑定的内容，绑定内容用双花括号括起，示例如下代码。

```
1.  <view id="item-{{id}}"> </view>
```

同时在 js 文件里输入如下代码。

```
1.  Page({
2.    data: {
3.      id: 0
4.    }
5.  })
```

控制属性也是绑定内容，用双花括号括起，在 wxml 文件里输入如下代码。

```
1.  <view wx:if="{{condition}}"> </view>
2.  <view wx:if='{{!condition}}' style='color:{{color}}'> //推荐双引号,但是
                                                          单引号也能使用
```

同时在 js 文件里输入如下代码。

```
1.  Page({
2.    data: {
3.      condition: true
4.    }
5.  })
```

关键字属性也是将绑定内容用双花括号括起，在 wxml 文件里输入如下示例代码。

```
1.  <checkbox checked="{{false}}"> </checkbox>
```

其中，true:boolean 类型的 true，代表真值。false:boolean 类型的 false，代表假值。特别注意，不要直接写 checked="false"。

3.2.2 运算绑定

可以在{{}}内进行简单的运算，微信小程序支持以下几种方式。

1. 三元运算

即执行一个对条件表达式 flag 的判断，结果为真时执行第一个表达式，否则执行第二个表达式。

```
1.  <view hidden="{{flag ? true : false}}"> Hidden </view>
```

2. 算术运算

算术运算是将表达式中的值进行简单的算术运算后显示。

```
1.  <view> {{a + b}} + {{c}} + d </view>
```

同时在 js 文件里输入如下代码。

```
1.  Page({
2.    data: {
3.      a: 1,
4.      b: 2,
```

```
5.       c: 3
6.     }
7.   })
```

view 中的内容为 3 + 3 + d。

3. 逻辑判断

逻辑判断是根据逻辑表达式判断结果，如果是真则显示 show，否则不显示。

```
1.  <view wx:if="{{length > 5}}">show </view>
```

4. 字符串运算

字符串运算支持将字符串和字符串变量通过“+”连接在一起。

```
1.  <view>{{"hello" + name}}</view>
```

同时在 js 文件里输入如下代码。

```
1.  Page({
2.    data:{
3.      name: 'MINA'
4.    }
5.  })
```

view 中的内容为 helloMINA。

5. 数据路径运算

数据路径运算是指根据结构性变量的结构，如对象、数组等，通过对象属性或数组下标的方式获取其中路径结构的值，并显示到组件中。

```
1.  <view>{{object.key}} {{array[0]}}</view>
```

同时在 js 文件里输入如下代码。

```
1.  Page({
2.    data: {
3.      object: {
4.        key: 'Hello '
5.      },
6.      array: ['MINA']
7.    }
8.  })
```

view 中的内容为 Hello MINA。

3.2.3 组合绑定

数据绑定时，也可以在“{{}}”内直接进行数据的组合，构成新的绑定。简单来说，组合绑定就是多种绑定组合在一起，组合绑定常用于数组或对象。

1. 数组

```
1.  <view wx:for="{{[zero, 1, 2, 3, 4]}}"> {{item}} </view>
```

同时在 js 文件里输入如下代码。

```
1.  Page({
2.    data: {
3.      zero: 0
4.    }
5.  })
```

最终组合成数组[0, 1, 2, 3, 4]。

2. 对象

```
1.  <template is="objectCombine" data="{{for: a, bar: b}}"></template>
```

同时在 js 文件里输入如下代码。

```
1.  Page({
2.    data: {
3.      a: 1,
4.      b: 2
5.    }
6.  })
```

最终组合成的对象是{for: 1, bar: 2}，也可以用扩展运算符“...”将一个对象展开，代码如下。

```
1.  <template is="objectCombine" data="{{...obj1, ...obj2, e: 5}}"></template>
```

同时在 js 文件里输入如下代码。

```
1.  Page({
2.    data: {
3.      obj1: {
4.        a: 1,
5.        b: 2
6.      },
7.      obj2: {
8.        c: 3,
9.        d: 4
10.     }
11.   }
12. })
```

最终组合成的对象是{a: 1, b: 2, c: 3, d: 4, e: 5}。

如果对象的 key 和 value 相同，也可以间接地表达。

```
1.  <template is="objectCombine" data="{{foo, bar}}"></template>
```

同时在 js 文件里输入如下代码。

```
1.  Page({
2.    data: {
3.      foo: 'my-foo',
4.      bar: 'my-bar'
5.    }
6.  })
```

最终组合成的对象是{foo: 'my-foo', bar:'my-bar'}。

注意：上述方式可以随意组合，但是如存在变量名相同的情况，后边的变量值会覆盖前面的变量值，示例代码如下。

```
1.  <template is="objectCombine" data="{{...obj1, ...obj2, a, c: 6}}">
    </template>
```

同时在 js 文件里输入如下代码。

```
1.  Page({
2.    data: {
3.      obj1: {
4.        a: 1,
5.        b: 2
6.      },
7.      obj2: {
8.        b: 3,
9.        c: 4
10.     },
11.     a: 5
12.   }
13. })
```

最终组合成的对象是{a: 5, b: 3, c: 6}。

3.3 页面渲染

页面渲染是浏览器的工作，它大致分为 3 步：一是加载，就是根据请求的 url 进行域名解析，向服务器发起请求，接收文件；二是解析，即对加载的资源进行语法解析，建立相应的内部数据结构；三是渲染，需要构建渲染树，对各个元素进行位置计算、样式计算等，然后根据渲染树对页面进行渲染。这几个过程不是完全孤立的，会有交叉。

3.3.1 列表渲染

列表渲染就是将一个数组内的所有数据依次展示在界面上，它的常用场景有文章列表和商品列表。例如，在组件的 wx:for 属性上绑定一个数组，就可以使用数组中项目的值来重复渲染该组件。

在 wxml 文件里输入如下代码。

```
1.  <view wx:for="{{forText}}"wx:key="index">
2.     <view>{{index}}---{{item}}</view>
3.  </view>
```

同时在 js 文件里输入如下代码。

```
1.  Page({
2.    data: {
3.      forText:[1,2,3,4,5,6]
4.    }
5.  })
```

默认情况下，数组元素中当前项的下标变量名为 index，当前项目值为 item，必须加上 wx:key 来表示获取的序号。

注意，在渲染时，可能会需要同时循环多个元素，那么可以使用辅助标签 block 进行循环。

在 wxml 文件里输入如下代码。

```
1.   <block wx:for="{{forText}}"wx:key="index">
2.       <view>这个就是序号:{{index}}</view>
3.       <view>这个就是值:{{item}}</view>
4.    </block>
```

同时在 js 文件里输入如下代码。

```
1.  Page({
2.    data: {
3.      forText:[1,2,3,4,5,6]
4.    }
5.  })
```

另外，也可以修改循环变量名，格式为：wx:for-index="自定义序号名称", wx:for-item="自定义序号值"，示例如下。

```
1.    <block wx:for="{{forText}}" wx:key="index" wx:for-index="xuhao"
      wx:for-item="firstzhi">
2.      <view>这个就是序号:{{xuhao}}</view>
3.      <view>这个就是值:{{firstzhi}}</view>
4.    </block>
```

对于 wx:key，若未使用 wx:key，当数据顺序发生了变更，则数据的结构会发生改变，导致重新渲染；若使用了 wx:key，就会在原数据的情况下渲染数据，这样做会提升渲染效率。

3.3.2 条件渲染

在小程序的不同生命周期和不同的用户操作情况下，可能需要为用户展示和响应不同的内容，在这个时候，可以借助条件渲染来展示内容。

1. 控制单个组件的显示

在组件上加入 wx:if 来控制组件的显示和隐藏，示例如下。

```
1.  <view wx:if="{{condition}}">
2.  123</view>
```

当 wx:if 对应的值为 true 的时候，对应组件会进行渲染；当 wx:if 对应的值为 false 的时候，对应的组件不会进行渲染。

2. else 属性

需要注意几点，一是对于 wx:if，使用 wx:if 来进行初始的条件判断；二是对于 wx:else，如果需要进行多种条件判断，使用 wx:else 来辅助进行结果判断；三是对于 wx:elif，如果项目判断结果多于两个，使用 wx:elif 来辅助进行结果的输出，示例如下。

```
1.  <view wx:if="{{length>5}}">
2. 1
3. </view>
4. <view wx:elif="{{length>2}}">
5. 2
6. </view>
7. <view wx:else>
8. 3
9. </view>
```

wx:if 和 hidden 的区别表现在，wx:if 是根据值来判断组件是否需要渲染进入页面，而 hidden 始终都会进行渲染，但是会根据其值决定是否在页面中展示。如果组件的显示切换频繁，就用 hidden，反之则使用 wx:if。

3.4 事件

事件是视图层到逻辑层的通信方式，它可以将用户的行为反馈到逻辑层进行处理。事件可以绑定在组件上，事件触发时，就会执行逻辑层中对应的事件处理函数。事件在微信小程序中是非常重要的一个环节，它响应用户的操作行为，事件设计的好坏直接影响用户体验的效果。

3.4.1 事件分类

微信小程序把事件总体上分为两大类。

一类是冒泡事件，当一个组件上的事件被触发后，该事件会向父节点传递，冒泡事件非常形象地将事件的传递表示了出来，类似于水泡从最底层一层一层地飘上来，数据结构的排序表也有类似的算法——冒泡排序；另一类是非冒泡事件，当一个组件上的事件被触发后，该事件不会向父节点传递，这种事件和冒泡事件不一样，不再进行传递事件，组件直接处理相应的事件，一般用于当下必须处理完成事件的情况，多用于 catch 事件。

3.4.2 事件绑定

事件绑定是小程序进行交互的一个非常重要的环节，事件绑定的写法同组件属性绑定写法一样，均以 key、value 的形式体现。key 以 bind 或 catch 开头，然后是事件的类型，如 bindtap、catchtouchstart。value 是一个字符串，需要在对应的 Page 中定义同名的函数。不然当触发事件的时候会报错。

常用的事件绑定主要有单击、双击、长按、滑动、多点触控等，下面分别查看它们的具体实现。

1. 单击

单击事件由 touchstart、touchend、tap 组成，touchstart 是手指触摸动作开始就响应事件，touchend 是手指触摸动作结束就响应事件，tap 是在 touchend 后触发的事件。以下代码为单击事件。

```
1.  <view>
2.    <button type="primary" bindtouchstart="mytouchstart" bindtouchend=
      "mytouchend" bindtap="mytap">点我吧</button>
3.  </view>
```

对应的事件代码，也就是js文件的内容。代码要保证事件名称和控件事件名称一致，这样单击事件才能响应，此代码是将单击前后的时间输出到控制台，具体代码如下。

```
1.  mytouchstart: function(e){
2.      console.log(e.timeStamp + '- touch start')
3.  },
4.  mytouchend: function(e){
5.      console.log(e.timeStamp + '- touch end')
6.  },
7.  mytap: function(e){
8.      console.log(e.timeStamp + '- tap')
9.  }
```

2. 双击

双击事件由两个单击事件组成，两次单击间隔时间小于300ms，就认为是双击；微信官方文档没有双击事件，需要开发者自己定义处理，通过两次单击的时差来模拟实现双击动作。

```
1.  <view>
2.    <button type="primary" bindtap="mytap">点我吧</button>
3.  </view>
```

js对应的代码如下。

```
1.  mytap: function(e) {
2.      var curTime = e.timeStamp
3.      var lastTime = e.currentTarget.dataset.time
        // 通过e.currentTarget.dataset.time 访问绑定到该组件的自定义数据
4.      console.log(lastTime)
5.      if (curTime - lastTime > 0) {
6.        if (curTime - lastTime < 300) {
7.          console.log("双击，用了：" + (curTime - lastTime))
8.        }
9.      }
10.     this.setData({
11.       lastTapTime: curTime
12.     })
13.   }
```

3. 长按

长按事件为手指触摸后，超过350ms再离开，使用longtap或longpress（官方推荐使用此事件）来响应长按事件。

```
1. <view>
2.   <button type="primary" bindtouchstart="mytouchstart" bindlongtap=
   "mylongtap"
3.     bindtouchend="mytouchend" bindtap="mytap">点我吧</button>
4. </view>
```

对应 js 文件的代码如下。

```
1. mytouchstart: function(e){
2.     console.log(e.timeStamp + '- touch start')
3. },
4. //长按事件
5. mylongtap: function(e){
6.     console.log(e.timeStamp + '- long tap')
7.   },
8. mytouchend: function(e){
9.     console.log(e.timeStamp + '- touch end')
10. },
11. mytap: function(e){
12.     console.log(e.timeStamp + '- tap')
13. }
```

4. 滑动

手指触摸屏幕并移动。滑动事件由 touchstart、touchmove、touchend 组成。

下面例子使用 touchmove 事件来实现对滑动事件的响应。

```
1. //wxml
2. <view id="id" bindtouchmove="handletouchmove" style = "width : 100px;
   height : 100px; background : #167567;">
3. </view>
4.
5. //js
6. Page({
7.   handletouchmove: function(event) {
8.     console.log(event)
9.   },
10. })
```

5. 多点触控

多点触控是指能同时识别和支持多根手指的触控、单击，也就是同时有两个及以上的点被触碰，即所谓的手势识别，从而实现屏幕识别人的多根手指同时进行的单击、触控动作。由于模拟器尚不支持多点触控，所以需要真机测试。

多点触控的实现和滑动的实现基本相似，只不过是由监控一根手指的位置变化改成监控多根手指的变化。如手指张开的操作，可以分别判断两个触摸点的移动方向，如靠左的触摸点向左滑动，靠右的触摸点向右滑动，即可判定为手指张开操作。这里面要用到 TouchEvent 触摸事件对象属性列表中的 touches 和 changedTouches。这两个都是数组类型，touches 是当前停留在屏幕中的触摸点信息的数组，而 changedTouches 是当前变化的触摸点信息的数组。多点触控是根据数组变化的路径来确定对应事件的方法。

3.4.3 冒泡与非冒泡事件

微信小程序事件总体上分为两类，分别是冒泡事件和非冒泡事件。这两类事件的区别就是发生在 UI 组件上的事件是向上级组件逐级传递信息还是直接执行事件逻辑代码，也就是通信方式的不同。

1. 冒泡事件

当一个组件上的事件被触发后，该事件会向父节点传递。有点像气泡从底层一层一层将事件推出来，所以称之为冒泡事件。下面是小程序冒泡事件的列表。

WXML 的冒泡事件列表如表 3-1 所示。

表 3-1 获取接口凭证参数说明

类型	触发条件
touchstart	手指触摸动作开始
touchmove	手指触摸后移动
touchcancel	手指触摸动作被打断，如来电提醒、弹窗
touchend	手指触摸动作结束
tap	手指触摸后马上离开
longpress	手指触摸后，超过 350ms 再离开，如果指定了事件回调函数并触发了这个事件，tap 事件将不被触发
longtap	手指触摸后，超过 350ms 再离开（推荐使用 longpress 事件代替）
transitionend	会在 WXSS transition 或 wx.createAnimation 动画结束后触发
animationstart	会在一个 WXSS animation 动画开始时触发
animationiteration	会在一个 WXSS animation 动画一次迭代结束时触发
animationend	会在一个 WXSS animation 动画完成时触发
touchforcechange	支持 3D Touch 的 iPhone 设备，重按时触发

2. 非冒泡事件

微信小程序默认事件均为冒泡事件，也就是说 bind 事件绑定不会阻止冒泡事件向上冒泡，只有 catch 事件绑定可以阻止冒泡事件向上冒泡。

如在下面这个例子中，单击 inner view 会先后调用 handleTap3 和 handleTap2（因为 tap 事件会冒泡到 middle view，而 middle view 阻止了 tap 事件冒泡，事件不再向父节点传递），单击 middle view 会触发 handleTap2，单击 outer view 会触发 handleTap1，代码如下。

```
1.  <view id="outer" bindtap="handleTap1">
2.    outer view
3.    <view id="middle" catchtap="handleTap2">
4.      middle view
5.      <view id="inner" bindtap="handleTap3">inner view</view>
6.    </view>
7.  </view>
```

自基础库版本 1.5.0 起，触摸类事件支持捕获。捕获阶段位于冒泡阶段之前，且在捕获阶段，事件到达节点的顺序与冒泡阶段恰好相反。需要在捕获阶段监听事件时，可以采用 capture-bind、capture-catch 关键字，后者将中断捕获阶段和取消冒泡阶段。在下面的代码中，单击 inner view 会先后调用 handleTap2、handleTap4、handleTap3、handleTap1，代码如下。

```
1.  <view
2.    id="outer"
3.    bind:touchstart="handleTap1"
4.    capture-bind:touchstart="handleTap2"
5.  >
6.    outer view
7.    <view
8.      id="inner"
9.      bind:touchstart="handleTap3"
10.     capture-bind:touchstart="handleTap4"
11.   >
12.     inner view
13.   </view>
14. </view>
```

如果将上面代码中的第一个 capture-bind 改为 capture-catch，将只触发 handleTap2。

3.5 模板与引用

微信小程序为解决页面代码重复的问题，提供了模板机制（template），把一些可以复用的代码放置在模板里进行定义，定义后在其他界面调用模板，就可以实现代码的复用。

3.5.1 模板

下面主要从定义模板、使用模板和模板作用域三个方面进行介绍。

1. 定义模板

模板是以<template>开始，以</template>结束的一段代码，一般新建一个 wxml 文件，在<template>中使用 name 属性作为模板的名称。然后在<template/>内定义代码片段，代码如下。

```
1.  <template name="msgItem">
2.    <view>
3.      <text>{{index}}: {{msg}}</text>
4.      <text>Time: {{time}}</text>
5.    </view>
6.  </template>
```

2. 使用模板

使用 is 属性，声明需要使用的模板，然后将模板需要的 data 传入，代码如下。

```
1.  <template is="msgItem" data="{{...item}}" />
2.  Page({
3.    data: {
4.      item: {
5.        index: 0,
6.        msg: 'this is a template',
7.        time: '2016-09-15'
8.      }
9.    }
10. })
```

is 属性可以使用 Mustache 语法（可用双花括号“{{}}”标记要绑定的字段），来动态决定具体需要渲染哪个模板，代码如下。

```
1.  <template name="odd">
2.    <view>odd</view>
3.  </template>
4.  <template name="even">
5.    <view>even</view>
6.  </template>
7.
8.  <block wx:for="{{[1, 2, 3, 4, 5]}}">
9.    <template is="{{item % 2 == 0 ? 'even' : 'odd'}}" />
10. </block>
```

3. 模板作用域

模板拥有自己的作用域，只能使用 data 传入的数据及在模板定义文件中定义的<wxs />模块。

3.5.2 引用

WXML 提供两种文件引用方式：import 和 include。Import 可以引入目标文件中的 template，template 以外的代码不会被引入；include 则是将目标文件中的 template 代码进行整体引入，相当于复制过来，丧失了独立性。

1. import

import 引用可以在该文件中使用目标文件定义的 template，如在 item.wxml 中定义一个名叫 item 的 template。

```
1.  <template name="item">
2.    <text>{{text}}</text>
3.  </template>
```

在 index.wxml 中引用 item.wxml，就可以使用 item 模板。

```
1.  <import src="item.wxml" />
2.  <template is="item" data="{{text: 'forbar'}}" />
```

import 有作用域的概念，即只会导入目标文件中定义的 template，而不会导入目标文件 import 的 template。

如：C import B，B import A，在 C 中可以使用 B 定义的 template，在 B 中可以使用 A 定义的 template，但是 C 不能使用 A 定义的 template。

第一段代码如下。

```
1.  <!-- A.wxml -->
2.  <template name="A">
3.    <text>A template</text>
4.  </template>
```

第二段代码如下。

```
1.  <!-- B.wxml -->
2.  <import src="a.wxml" />
3.  <template name="B">
4.    <text>B template</text>
5.  </template>
```

第三段代码如下。

```
1.  <!-- C.wxml -->
2.  <import src="b.wxml" />
3.  <template is="A" />
4.  <!-- Error! Can not use tempalte when not import A. -->
5.  <template is="B" />
```

2. include

include 可以将目标文件除了<template/>和<wxs/>外的整个代码引入，相当于将代码复制到 include 位置，代码如下。

```
1.  <!-- index.wxml -->
2.  <include src="header.wxml" />
3.  <view>body</view>
4.  <include src="footer.wxml" />
```

被引用的代码文件 header.wxml 如下。

```
1.  <!-- header.wxml -->
2.  <view>header</view>
```

被引用的代码文件 footer.wxml 如下。

```
1.  <!-- footer.wxml -->
2.  <view>footer</view>
```

3.6 本章小结

本章重点介绍了微信小程序的 WXML 标签语言，分别从语法规范、数据绑定、页面渲染、事件，以及模板与引用这几个方面深入详细地讲解。WXML 标签语言是学习小程序非常重要的一环，小程序前端页面的展示由此标签组成，读者必须掌握这些标签的规范和用法，为后续的学习打下扎实的基础。

第 4 章 WXSS 样式语言

学习目标

- 了解 WXSS 样式语言的概念。
- 了解 WXSS 的尺寸单位。
- 掌握选择器的使用方法。
- 掌握样式的使用方法。

WXSS（WeiXin Style Sheets）是一套样式语言，用于描述 WXML 的组件样式，以及决定 WXML 的组件应该怎么显示。

为了适应广大的前端开发者，WXSS 具有 CSS 的大部分特性。同时为了更适合开发微信小程序，WXSS 对 CSS 进行了扩充及修改。与 CSS 相比，WXSS 扩展的特性有尺寸单位和样式使用。

4.1 尺寸单位

在 WXSS 中，引入了 rpx（responsive pixel）尺寸单位，引用这种单位的目的是适配不同宽度的屏幕，使开发更简单。

rpx 可以根据屏幕宽度进行自适应，规定屏幕宽为 750rpx。如在 iPhone6 上，屏幕宽度为 375px，共有 750 个物理像素，则 750rpx=375px=750 物理像素，1rpx=0.5px=1 物理像素。对于不同型号的 iPhone 手机，rpx 表现的自适应如表 4-1 所示。

表 4-1　rpx 表现的自适应

设备	rpx 换算 px（屏幕宽度/750）	px 换算 rpx（750/屏幕宽度）
iPhone 5	1rpx = 0.42px	1px = 2.34rpx
iPhone 6	1rpx = 0.5px	1px = 2rpx
iPhone 6 Plus	1rpx = 0.552px	1px = 1.81rpx
iPhone 7	1rpx = 0.5px	1px = 2rpx
iPhone 7 Plus	1rpx = 0.552px	1px = 1.81rpx
iPhone 8	1rpx = 0.5px	1px = 2rpx
iPhone 8 Plus	1rpx = 0.552px	1px = 1.81rpx

需要注意的是，在较小的屏幕上不可避免的会有一些毛刺，在开发时应尽量避免这种情况。

4.1.1 物理像素

物理像素是显示器（手机屏幕）上最小的物理显示单元，在操作系统的调度下，每一个设备像素都有自己的颜色值和亮度值。设备独立像素（也称密度无关像素）可以认为是计算机坐标系统中的一个点，这个点代表一个可以由程序使用的虚拟像素（如 CSS 像素），然后由相关系统将其转换为物理像素。因此，物理像素和设备独立像素之间存在着一定的对应关系，这就是设备像素比（device pixel ratio，dpr）。

设备像素比定义了物理像素和设备独立像素的对应关系，它的值可以按如下公式得到。

```
1.  设备像素比 = 物理像素 / 设备独立像素 //在某一方向上，x 方向或者 y 方向
```

在 JavaScript 中，可以通过 window.devicePixelRatio 属性获取当前设备的 dpr。在 CSS 中，可以通过-webkit-device-pixel-ratio、-webkit-min-device-pixel-ratio 和-webkit-max-device-pixel-ratio 进行媒体查询，对不同 dpr 的设备，做一些样式适配（这里只针对 webkit 内核的浏览器和 webview）。

综合上面几个概念，以 iPhone 6 为例进行说明。

设备宽高为 375×667，可以理解为设备独立像素（或 CSS 像素），dpr 为 2，根据上面的计算公式，其物理像素为 750×1334。用一张图来表现，如图 4-1 所示。

在不同的屏幕上（普通屏幕与 Retina 屏幕），CSS 像素所呈现的大小（物理尺寸）是一致的，不同的是 1 个 CSS 像素所对应的物理像素数量是不一致的。在普通屏幕上，1 个 CSS 像素对应 1 个物理像素（1∶1）。在 Retina 屏幕上，1 个 CSS 像素对应 4 个物理像素（1∶4）。

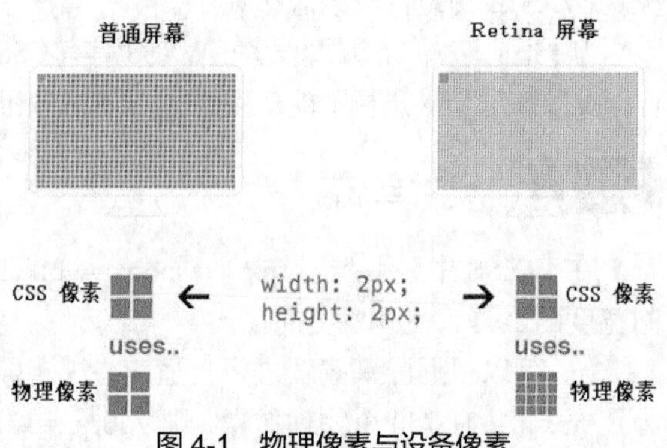

图 4-1 物理像素与设备像素

4.1.2 逻辑像素

像素表示图像元素的意思。一个像素只能表达一个色块，是显示的最小的单元。可以将像素分为以下两种。

① 物理像素（Physical pixels）。

② 逻辑像素（Logical pixels）。

物理像素也称为设备像素，即设备在出厂的时候就已经固定了像素。而逻辑像素在 CSS 中也被称为 CSS 像素（CSS pixels），是为 Web 开发者创造的，每一个 CSS 声明和几乎所有的 JavaScript 属性都使用 CSS 像素。例如，平时使用 Chrome 的设备调试工具的时候，iPhone 6 的高<code>667px</code>，宽<code>375px</code>，分别是苹果官方的高宽</code>1334px × 750px</code>的 1/2，即面积的 1/4，这就是经常说的 Retina 屏幕用 4 个物理像素表示一个逻辑像素。

4.1.3 像素比

这里的像素比表示为设备像素比（dpr）。在早先的移动设备中，并没有 dpr 的概念，随着技术的发展，移动设备的屏幕像素密度越来越高。如 iPhone 4 的分辨率比之前的 iPhone 版本提高了一倍，但屏幕尺寸却没有变化，这意味着同样大小的屏幕上，像素多了一倍，因此 dpr = 2。

在 Chrome 浏览器中，可以通过以下代码获取设备的 dpr。

```
1.  let dpr = window.devicePixelRatio;
```

而通过下面的代码可以获取设备的逻辑像素。

```
1.  let logicalHeight = screen.height;
2.  let logicalWidth = screen.width;
```

这里需要注意的是，实际情况中物理像素≠逻辑像素 × dpr，如 iPhone 6 Plus 的物理像素和逻辑像素，如下所示。

物理像素：1080px × 1920px　　逻辑像素：414px × 736px

iPhone 6 Plus 的 dpr 为 3，如果物理像素=逻辑像素 × dpr，则物理像素为（414px × 736px）× 3^2，为 1242px × 2208px，然而 iPhone 6 Plus 只有 1080px × 1920px，显然物理像素≠逻辑像素 × dpr。换句话说，iPhone 6 Plus 的 dpr=2.6，但是通过虚拟技术把物理像素放大 115%，以达到 dpr=3 的效果。

4.2 选择器

对于选择器，通过 mode 属性区分，微信官方给出了 5 种选择器，分别为普通选择器、多列选择器（multiSelector）、时间选择器（time）、日期选择器（date）、省市区选择器（region），默认是普通选择器。选择器的主要属性见表 4-2。

表 4-2　选择器的主要属性

属性	类型	默认值	必填	说明	最低版本
mode	string	selector	否	选择器类型	1.0.0
disabled	boolean	false	否	是否禁用	1.0.0
bindcancel	eventhandle		否	取消选择时触发	1.9.90

mode 的合法值见表 4-3。

表 4-3　mode 的合法值

值	说明
selector	普通选择器
multiSelector	多列选择器
time	时间选择器
date	日期选择器
region	省市区选择器

从表 4-3 可以看出，当 mode=time 时，则选择时间选择器；当 mode=date 时，则选择日期选择器。这意味着当 mode 选不同的值时，则选择不同的选择器，代码示例如下。

```
1.  <view class="section">
2.    <view class="section__title">普通选择器</view>
3.    <picker bindchange="bindPickerChange" value="{{index}}" range="{{array}}">
4.      <view class="picker">
5.        当前选择：{{array[index]}}
6.      </view>
7.    </picker>
8.  </view>
9.  <view class="section">
10.   <view class="section__title">多列选择器</view>
11.   <picker
12.     mode="multiSelector"
13.     bindchange="bindMultiPickerChange"
14.     bindcolumnchange="bindMultiPickerColumnChange"
15.     value="{{multiIndex}}"
16.     range="{{multiArray}}"
17.   >
18.     <view class="picker">
19.      当前选择：{{multiArray[0][multiIndex[0]]}}，{{multiArray[1]
       [multiIndex[1]]}}，{{multiArray[2][multiIndex[2]]}}
20.     </view>
21.   </picker>
22. </view>
23. <view class="section">
24.   <view class="section__title">时间选择器</view>
25.   <picker
26.     mode="time"
27.     value="{{time}}"
28.     start="09:01"
29.     end="21:01"
30.     bindchange="bindTimeChange"
31.   >
32.     <view class="picker">
33.       当前选择：{{time}}
34.     </view>
35.   </picker>
36. </view>
37. <view class="section">
38.   <view class="section__title">日期选择器</view>
```

```
39.   <picker
40.     mode="date"
41.     value="{{date}}"
42.     start="2015-09-01"
43.     end="2017-09-01"
44.     bindchange="bindDateChange"
45.   >
46.     <view class="picker">
47.       当前选择：{{date}}
48.     </view>
49.   </picker>
50. </view>
51. <view class="section">
52.   <view class="section__title">省市区选择器</view>
53.   <picker
54.     mode="region"
55.     bindchange="bindRegionChange"
56.     value="{{region}}"
57.     custom-item="{{customItem}}"
58.   >
59.     <view class="picker">
60.       当前选择：{{region[0]}}，{{region[1]}}，{{region[2]}}
61.     </view>
62.   </picker>
63. </view>
```

运行结果如图 4-2 所示。

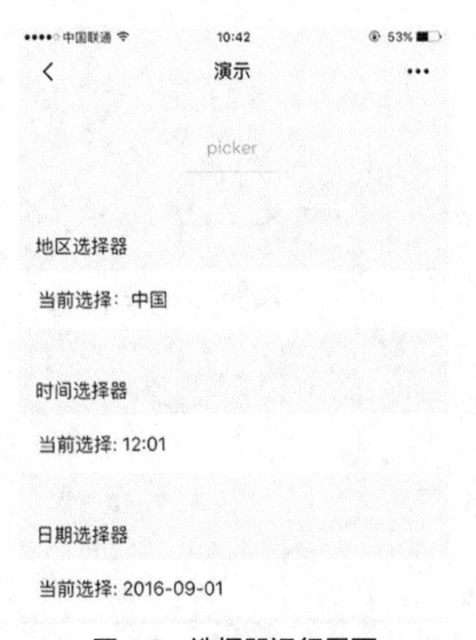

图 4-2　选择器运行界面

4.2.1 类选择器

除了微信官方给出的5种选择器外，还有类选择器，它在实际开发中应用比较广泛。

在CSS中，类选择器以一个点号显示，如下示例。

```
1.  .center {text-align: center}
```

在上面的例子中，定义了名为center的类选择器，样式内容为文本居中，也就是所有使用此center类选择器的HTML元素文本均为居中样式。

在下面的HTML代码中，h1和p元素都有center类，这意味着两者都将遵守“.center”选择器中的规则。

```
1.  <h1 class="center">
2.  This heading will be center-aligned
3.  </h1>
4.  <p class="center">
5.  This paragraph will also be center-aligned.
6.  </p>
```

注意：类名的第一个字符不能使用数字。

微信小程序应用类选择器会涉及页面和样式两个文件。

wxml文件代码如下。

```
1.  <view class='myclass01'>
2.      <text >普通文本</text>
3.  </view>
4.  <view class='myclass02'>
5.      <text >普通文本</text>
6.  </view>
7.  <view>
8.      <text  class='myclass03'>普通文本</text>
9.  </view>
```

wxss文件代码如下。

```
1.  /* 元素选择器 */
2.  page{
3.    background-color:  gainsboro;
4.  }
5.  view{
6.   background-color:  aliceblue;
7.  }
8.  /* ID选择器 */
9.  .myclass01{
10.   color: red;
11. }
12. .myclass02{
13.   color:purple;
```

```
14. }
15. .myclass03{
16.   color:blue;
17. }
```

根据样式从上到下显示的颜色依次为红色、紫色和蓝色，显示结果如图 4-3 所示。

图 4-3　类选择器显示结果

4.2.2　ID 选择器

ID 选择器可以为标有特定 ID 的 HTML 元素指定特定的样式，以“#”定义。下面设定两个 ID 选择器，第一个定义元素的颜色为红色，第二个定义元素的颜色为绿色，代码如下。

```
1.  #red {color:red;}
2.  #green {color:green;}
```

下面的 HTML 代码中，id 属性为 red 的 p 元素显示为红色，而 id 属性为 green 的 p 元素显示为绿色。

```
1.  <p id="red">这个段落是红色。</p>
2.  <p id="green">这个段落是绿色。</p>
```

注意：id 属性只能在每个 HTML 文档中出现一次。

微信小程序应用 ID 选择器，wxml 文件代码如下。

```
1.  <view>
2.    <text>普通文本</text>
3.    <text id="myid">ID 选择器里面的文本</text>
4.  </view>
```

wxss 文件代码如下。

```
1.  /* 元素选择器 */
2.  page{
3.    background-color:  gainsboro;
4.  }
5.  view{
6.   background-color:  aliceblue;
7.  }
8.  /* ID 选择器 */
9.  #myid{
10.   color: white;background-color: black;
11. }
```

效果如图 4-4 所示。

图 4-4　ID 选择器显示结果

4.2.3　组合选择器

组合选择器组合使用不同的选择器，可以匹配更特定的元素。它通过已有选择器的标签，为其他标签添加 CSS 样式效果。

组合选择器包括父子选择器与兄弟选择器。

1. 父子选择器

父子选择器通过已有选择器的父级标签，为嵌套在其中的子级或者后代标签指定 CSS 样式效果。包括父级选择器与后代选择器。

父级选择器是为已有选择器标签之中的子级标签添加样式效果，选择器通过 “>” 添加样式对象，具体代码如下。

```
1.  <!DOCTYPE html>
2.  <html lang="en">
3.   <head>
4.      <meta charset="UTF-8">
5.      <title>Document</title>
6.      <style type="text/css">
7.      .div1>a {
8.          color: red;
9.      }
10.     </style>
11. </head>
12. <body>
13.     <!-- 通过父级选择器,给子级标签添加样式效果 -->
14.     <div class="div1">
15.         上海
16.         <a href="#">百度</a>
17.         <p>
18.             <a href="#">新浪</a>
19.         </p>
20.     </div>
21. </body>
22.  </html>
```

后代选择器是为已有选择器标签之中的子代标签以及后代添加样式效果，选择器通过 “(空格)” 添加样式的对象，具体代码如下。

```
1.  <!DOCTYPE html>
2.  <html lang="en">
3.  <head>
4.      <meta charset="UTF-8">
5.      <title>Document</title>
6.      <style type="text/css">
7.      /*  .div1>a { color: red; } */
8.      /* 后代选择器
9.      对子级标签,以及后代标签,都会起作用
10. */
11.     .div1 a {
12.         color: pink;
13.     }
14.     </style>
15. </head>
16.  <body>
17.     <div class="div1">
18.         <a href="#">百度 1</a>
19.         <a href="#">百度 2</a>
20.         <p>
21.             <a href="#">搜狐</a>
22.         </p>
23.     </div>
24. </body>
25.  </html>
```

2. 兄弟选择器

兄弟选择器包括相邻兄弟选择器和一般兄弟选择器。相邻兄弟选择器是为已有选择器标签之后，相邻的一个平级标签添加样式，选择器通过“+”添加样式对象，具体代码如下。

```
1.  <!DOCTYPE html>
2.  <html lang="en">
3.  <head>
4.      <meta charset="UTF-8">
5.      <title>Document</title>
6.      <style type="text/css">
7.      .div1 {
8.          color: red;
9.      }
10.      .div1+span {
11.          color: blue;
```

```
12.     }
13.     </style>
14. </head>
15.  <body>
16.     <div class="div1">北京</div>
17.          &lt;重庆
18.     <span>上海 1</span>
19.     <span>上海 2</span>
20. </body>
21.  </html>
```

一般兄弟选择器是为已有选择器标签之后，所有的平级标签添加样式，选择器通过“~”添加样式对象，具体代码如下。

```
1.  <!DOCTYPE html>
2.  <html lang="en">
3.   <head>
4.      <meta charset="UTF-8">
5.      <title>Document</title>
6.      <style type="text/css">
7.      .div1 {
8.           color: red;
9.      }
10.      .div1~span {
11.           color: blue;
12.      }
13.     </style>
14. </head>
15.  <body>
16.     <span>中国</span>
17.     <div class="div1">北京</div>
18.     <span>上海 1</span>
19.     <span>上海 2</span>
20.     <span>上海 3</span>
21.     <span>上海 4</span>
22. </body>
23.  </html>
```

4.3 样式使用

WXSS 提供了全局的样式和局部样式。微信小程序使用名为 app.wxss 的文件来存放全局样式，全局样式会作用于当前小程序的所有页面，局部页面样式 page.wxss 仅对当前页面生效。

4.3.1 样式导入

使用@import语句可以导入外联样式表，@import后跟需要导入的外联样式表的相对路径，用“;”表示语句结束，示例代码如下。

```
1.  [css]view plaincopy
2.  /**common.wxss**/
3.  .small-p{
4.  padding:5px;
5.  }
6.  [css]view plaincopy
7.  /**app.wxss**/
8.  @import"common.wxss";
9.  .middle-p{
10. padding:15px;
11. }
```

4.3.2 内联样式

在内联样式中，框架组件支持使用style、class属性来控制组件的样式。style可以接收动态的样式，在运行时会进行解析，尽量避免将静态的样式写进style中，以免影响渲染速度，它的使用规则如下。

```
1.  <view style="color:{{color}};"/>
```

class属性用于指定样式规则，其属性值是样式规则中类选择器名（样式类名）的集合，样式类名之间用空格分隔。类样式也就是类选择器，多个元素可以同时使用同一个类，从而减少重复代码的数量。它的使用规则如下。

```
1.  <view class="normal_view"/>
```

index.wxml代码如下。

```
1.  <view wx:for="{{data}}" wx:key="*this"  class="block" style="{{item.style}}">
2.  Block{{index}}
3.  <view>{{item.title}}</view>
4.  </view>
```

index.wxss代码如下。

```
1.  .block
2.  {
3.    background-color: #eee;
4.    margin: 10rpx 0rpx;
5.  }
```

index.js代码如下。

```
1.  Page({
2.    data: {
3.     data:[
4.       {
```

```
5.          "title":"Hi,NetEase",
6.          "style":"color:#ff00ff"
7.        },
8.        {
9.          "title":"HelloNetEase",
10.         "style":"color:#00ff00"
11.       }
12.     ]
13.   },
```

两段文字背景颜色都为灰色，上方字体“Block0”和“Hi,NetEase”字体显示为紫红色，下方字体“Block1”和“HelloNetEase”字体显示为绿色，显示效果如图 4-5 所示。

图 4-5　内联样式

4.3.3　全局样式与局部样式

全局样式为定义在 app.wxss 中的样式，作用于每一个页面。在 page 的 wxss 文件中定义的样式为局部样式，只作用在对应的页面，并会覆盖 app.wxss 中相同的选择器。

全局样式与局部样式的使用方式不同。第一，全局样式写在 app.wxss 里面，页面样式写在各个页面的样式里。第二，调用全局样式需要在写的类后面或前面加上全局样式定义的类（样式的类排得越靠后，优先级越高）。全局样式定义如图 4-6 所示。

```
1   /**app.wxss**/
2   .container {
3     height: 100%;
4     display: flex;
5     flex-direction: column;
6     align-items: center;
7     justify-content: space-between;
8     padding: 200rpx 0;
9     box-sizing: border-box;
10  }
11
12  .text{
13    color: aliceblue;
14    font-size: 14px;
15  }
```

图 4-6　全局样式

然后在局部样式里调用这个全局样式，如图 4-7 所示。

```
14
15      <!-- 搜索框 -->
16
17    <view class="soushuo text">
18      <view class="df search_arr">
```

图 4-7　调用全局样式

另外，需要注意的是，如果要使样式里面的属性位于最高级，需要在属性后加!important，如图 4-8 所示。

```
.redFont
    {
       color:red !important;
    }
```

图 4-8 在属性后加!important

4.4 本章小结

本章重点介绍了微信小程序的 WXSS 样式语言，分别从尺寸单位、选择器、样式使用这几个方面进行深入详细的讲解，WXSS 标签语言是学习小程序非常重要的一环，小程序前端页面的展示是由此标签组成，读者必须熟悉这些标签的规范和用法，为后续的学习打下扎实的基础。

第5章 JavaScript交互逻辑

学习目标

- 了解 JavaScript 语言的概念。
- 掌握 JavaScript 语言的基本语法。
- 掌握面向对象设计。
- 掌握 JSON 语法结构。

一个微信小程序仅仅只有界面展示是不够的，还需要与用户进行交互，从而响应用户的单击、滑动、获取用户的位置等事件。在微信小程序里边，开发者通过编写 JavaScript 脚本文件来处理用户的操作。

5.1 JavaScript基础

JavaScript（简称 JS）是一门完备的动态编程语言，当应用于 HTML 文档时，其可为网站提供动态交互特性。

JavaScript 的应用场合极其广泛，从简单的幻灯片、照片库、浮动布局和响应按钮单击，到复杂的游戏、2D 和 3D 动画、大型数据库驱动程序等。

JavaScript 相当简洁，却非常灵活。开发者们基于 JavaScript 核心编写了大量实用工具，可以使开发工作事半功倍，其中包括浏览器应用程序接口（API）、第三方 API、第三方框架和库。

（1）浏览器应用程序接口（API）。浏览器内置的 API 提供了丰富的功能，如动态创建 HTML 和设置 CSS 样式、从用户的摄像头采集处理视频流、生成 3D 图像与音频样本等。

（2）第三方 API。第三方 API 让开发者可以在自己的站点中整合其他内容提供者提供的功能。

（3）第三方框架和库。第三方框架和库用来快速构建网站和应用。

5.1.1 基本语法

JavaScript 的语法和 Java 语言类似，每个语句以“;”结束，语句块用“{...}”。但是，JavaScript 并不强制要求在每个语句的结尾加“;”，浏览器中负责执行 JavaScript 代码的引擎会自动在每个语句的结尾补上“;”。

1. JavaScript 输出

JavaScript 输出语句向浏览器发出命令，语句的作用是告诉浏览器该做什么，格式为 document.write()，示例如下。

```
1.  <script>
2.      document.write("hello world!");
3.  </script>
```

插入输出格式为 document.getElementById(…).innerHTML="…"，示例如下。

```
1.  document.getElementById("pid").innerHTML="ryjiaoyu.com";
```

2. 分号

语句之间的分隔使用英文符号中的分号“;”，需要注意的是，分号是可选项，如果语句结束后没有分号，编译器并不会报错。

3. 标识符

JavaScript 标识符必须以字母、下画线或符号“$”开始。

4. JavaScript 对大小写敏感

JavaScript 对大小写敏感，如 name 和 Name 在 JavaScript 中被认为是两个不同的变量。

5. 空格

JavaScript 会忽略掉多余的空格。

6. 代码换行

不可以在单词之间换行。

7. 保留字

JavaScript 保留字是 JavaScript 语言中已经定义过的字，使用者不能再将这些字作为变量名或过程名使用。JavaScript 所有保留字如下。

abstract	boolean	byte	catch	final	float	new
delete	double	enum	extends	is	namespace	throw
goto	implements	in	int	super	synchronized	
null	private	public	short	volatile	with	
throws	true	typeof	var	continue	debugger	
as	break	case	char	finally	for	
do	else	export	false	long	native	
if	import	instanceof	interface	switch	this	
package	protected	return	static	while	default	
transient	try	use	class	const	function	

8. 注释

单行注释用“//”来表示，多行注释用“/**/”来表示，“/*”置于注释文字的开头，“*/”置于注释文字的结尾。

9. JavaScript变量

JavaScript的变量类型由它的值来决定。定义变量需要用关键字“var”，如下所示。

```
1.  var   iNum  =  123 ;
2.  var   sTr   =  'asd';
```

注意，同时定义多个变量可以用“,”隔开，共用一个“var”关键字，如下所示。

```
1.  var   iNum  =45 , sTr='qwe' ,scount='68';
```

对于变量类型，JavaScript有以下几种基本数据类型。

（1）number数字类型。

（2）string字符串类型。

（3）boolean布尔类型，值为true或false。

（4）undefined类型，变量声明未初始化，它的值就是undefined。

（5）null类型，表示空对象，如果定义的变量将来准备保存对象，可以将变量初始化为null，如在页面上获取不到对象，返回的值就是null。

另外，还有数组类型Array和1种复合类型object。

变量是用来储存信息的“容器”，示例如下。

```
1.   var x=10;
2.  var y=10.1;
3.  var z="hello";
4.   <script>
5.      var i=10;
6.      var j=10;
7.      var m=i+j;
8.      document.write(m);
9.  </script>
```

数组的定义有三种方式，具体如下。

第一种数组定义方式。

```
1.  var arr=["hello","jike","xueyuan","women"];
2.  document.write(arr[0]);
```

第二种数组定义方式。

```
1.  var arr=new Array("hello","jike","nihao");
2.  document.write(arr[2]);
```

第三种数组定义方式，赋值为数字。

```
1.  var arr=new Array();
2.  arr[0]=10;
3.  arr[1]=20;
4.  arr[2]=30;
5.  document.write(arr[2]);
```

null类型使用如下。

```
1.  var n=null;
```

```
2.  var i=10;
3.  var i=null;
4.  document.write("i");  //通过赋值为 null 的方式清除变量
```

另外，还有未定义的变量类型，如下。

```
1.  var r;
```

10. JavaScript 运算符

（1）算数运算符。

算法运算符包括常用的加、减、乘、除、余，还有自增和自减运算，其中自增和自减运算分为前缀形式和后缀形式，前缀形式先加减 1 再执行，后缀形式先执行再加减 1。表 5-1 为算数运算符的说明。

表 5-1 算数运算符

运算符	说明
+	加法运算
−	减法运算
*	乘法运算
%	余数运算
/	除法运算
++	自增运算
−−	自减运算

示例如下。

```
1.  <p>i=10,j=10,i+j=?</p>
2.  <p id="mySum"></p>
3.  <button onclick="jisuan()">结果<button>
4.  <script>
5.  function jisuan(){
6.      var i=10;
7.      var j=10;
8.      var m=i+j;
9.      document.getElementById("mySum").innerHTML=m;
10. }
11.     </script>
```

（2）赋值运算符。

赋值运算符用于给 JavaScript 变量赋值，主要包括 6 种赋值运算符，具体见表 5-2。

表 5-2 赋值运算符

运算符	说明
=	向变量赋值

续表

运算符	说明
+=	向变量添加值
-=	从变量中减去一个值
*=	相乘变量后赋值
/=	对变量相除后赋值
%=	把余数赋值给变量

（3）字符串运算符（字符串拼接）。

字符串运算符的符号为“+”和“+=”，区别于算数运算符，字符串运算符的运算中至少有一个变量的类型为字符串类型，才进行字符串连接运算。任何类型与字符串相加，都会被转换成字符串类型，示例如下。

```
1.  function musum(){
2.      var i=5;
3.      var j="5";
4.      var m=i+j;
5.      document.getElementById("sumid").innerHTML=m;
6.  }
```

运行结果为 55，此时变量 m 的类型为字符串类型。

（4）比较运算符。

比较运算符用于逻辑语句的判断，从而确定给定的两个值或变量是否相等，比较运算符返回的是一个布尔类型，具体运算符见表 5-3。

表 5-3　比较运算符

运算符	说明
==	等于
===	值及类型均相等（恒等于）
!=	不等于
!==	值与类型均不等（不恒等于）
>	大于
<	小于
>=	大于或等于
<=	小于或等于

（5）逻辑运算符。

逻辑运算符用来确定变量或值之间的逻辑关系，逻辑运算符返回的是一个布尔类型，具体运算符见表 5-4。

表 5-4 逻辑运算符

运算符	说明
&&	逻辑和
||	逻辑或
!	逻辑非

（6）条件运算符。

用于基于条件的赋值运算，主要是三目条件运算，根据不同的条件，执行不同的操作或返回不同的值，语法为：conditions ? statementA : statementB ;。

上述语句，首先判断条件 condition，若结果为真则执行语句 statementA，否则执行语句 statementB。下面使用三目运算符来判断年龄，如下。

```
1.  var age=25;
2.  age>=18 ?
3.  (
4.  age<=35 ? alert("你还年轻，未来属于你！") : alert("35 岁以后，就要注意身体了！ ")
5.  ) :
6.  alert("你还未成年！");
```

5.1.2 3 种流程控制

在 JavaScript 中，用一些流程控制语句控制代码执行的顺序，以下是 3 种流程控制结构。

1. 条件选择结构

通常在写代码时，总是需要为不同的决定执行不同的动作，而条件选择语句基于不同的条件来执行不同的动作，因此，为了完成为不同的决定执行不同的动作的任务，可以在代码中使用条件语句。

在 JavaScript 中，使用 if 条件语句时，只有当指定条件为 true 时，才可执行代码，示例如下。

```
1.  <!DOCTYPE html PUBLIC "-//W3C//DTD XHTML 1.0 Transitional//EN" "http://
    www.w3.org/TR/xhtml1/DTD/xhtml1-transitional.dtd">
2.  <html xmlns="http://www.w3.org/1999/xhtml">
3.  <head>
4.  <meta http-equiv="Content-Type" content="text/html; charset=gb2312" />
5.  <title>JS 流程控制语句</title>
6.  </head>
7.    <body>
8.    <p>如果时间早于 20:00，会获得问候 "Good day"。</p>
9.    <button onclick="myFunction()">点击这里</button>
10.   <p id="demo"></p>
11.   <script type="text/javascript">
12. var time=new Date().getHours();
```

```
13. document.write("当前北京时间: "+time);
14. function myFunction()
15. {
16.  var x="";
17.  if (time<20)
18.  {
19.  x="Good day";
20.  }
21.  document.getElementById("demo").innerHTML=x;
22. }
23. </script>
24.  </body>
25. </html>
```

运行的结果如图 5-1 所示。

图 5-1 if 运行结果

使用 if…else 语句时，当条件为 true 时执行代码，当条件为 false 时执行其他代码。

```
1.   <!DOCTYPE html PUBLIC "-//W3C//DTD XHTML 1.0 Transitional//EN" "http://
    www.w3.org/TR/xhtml1/DTD/xhtml1-transitional.dtd">
2.   <html xmlns="http://www.w3.org/1999/xhtml">
3.   <head>
4.   <meta http-equiv="Content-Type" content="text/html; charset=gb2312" />
5.   <title>JS 流程控制语句</title>
6.   </head>
7.     <body>
8.     <p>如果时间早于 20:00，会获得问候 "Good day"。如果时间晚于 20:00，会获得问
      候 "Good evening"。</p>
9.     <button onclick="myFunction()">点击这里</button>
10.    <p id="demo"></p>
11.    <script type="text/javascript">
12.  var time=new Date().getHours();
13.  document.write("当前北京时间: "+time);
```

```
14. function myFunction()
15. {
16. var x="";
17. if (time<20)
18.  {
19.  x="Good day";
20.  }
21. else
22.  {
23.  x="Good evening";
24.  }
25. document.getElementById("demo").innerHTML=x;
26. }
27. </script>
28.   </body>
29. </html>
```

运行的结果如图 5-2 所示。

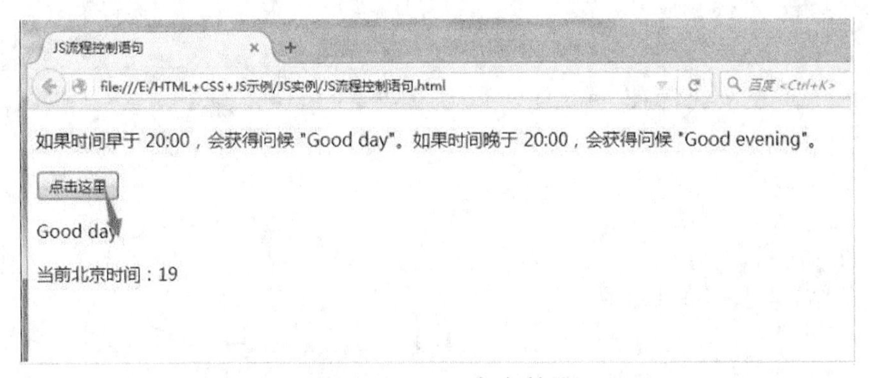

图 5-2 if…else 运行结果

使用 if…else if…else 语句时，该语句选择多个代码块之一来执行。

```
1.  <!DOCTYPE html PUBLIC "-//W3C//DTD XHTML 1.0 Transitional//EN" "http://
    www.w3.org/TR/xhtml1/DTD/xhtml1-transitional.dtd">
2.  <html xmlns="http://www.w3.org/1999/xhtml">
3.  <head>
4.  <meta http-equiv="Content-Type" content="text/html; charset=gb2312" />
5.  <title>JS 流程控制语句</title>
6.  </head>
7.  <body>
8.  <p>如果时间早于 10:00，会获得问候 "Good morning"。</p>
9.  <p>如果时间早于 20:00，会获得问候 "Good day"。</p>
10. <p>如果时间晚于 20:00，会获得问候 "Good evening"。</p>
11. <button onclick="myFunction()">点击这里</button>
```

```
12. <p id="demo"></p>
13. <script type="text/javascript">
14. var time=new Date().getHours();
15. document.write("当前北京时间: "+time);
16. function myFunction()
17. {
18. var x="";
19. if (time<10)
20.  {
21.  x="Good morning";
22.  }
23. else if (time<20)
24.  {
25.  x="Good day";
26.  }
27. else
28.  {
29.  x="Good evening";
30.  }
31. document.getElementById("demo").innerHTML=x;
32. }
33. </script>
34. </body>
35. </html>
```

运行的结果如图 5-3 所示。

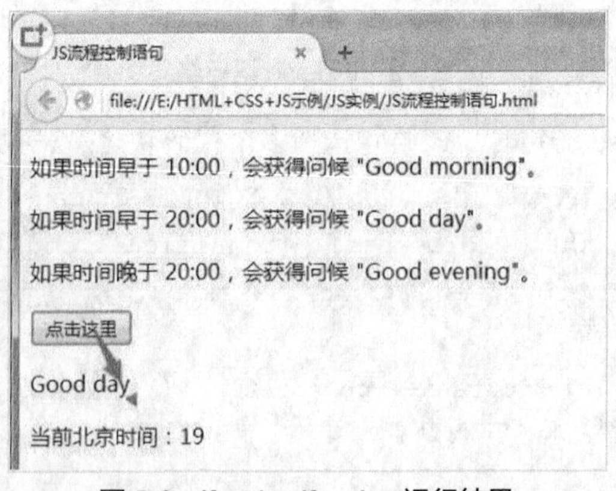

图 5-3　if…else if…else 运行结果

使用 switch 语句时，该语句选择多个代码块之一来执行。switch 语句基于不同的条件来执行不同的动作，示例如下。

```
1.  var x;
2.   switch (d)
```

```
3.   {
4.   case 0:
5.   x="Today it's Sunday";
6.   break;
7.   case 1:
8.   x="Today it's Monday";
9.   break;
10.  case 2:
11.  x="Today it's Tuesday";
12.  break;
13.  case 3:
14.  x="Today it's Wednesday";
15.  break;
16. }
```

2. 循环结构

循环可以让代码块执行指定的次数。JavaScript 支持不同类型的循环。

（1）for 语句，循环代码块一定的次数，示例如下。

```
1.  for(var box=1;box<=10;box++)
2.  {
3.   document.write("box="+box+"<br/>");
4.  }
```

（2）for…in 语句，循环遍历对象的属性，示例如下。

```
1.  var box={
2.  name:"张三",
3.   age:24,
4.   sex:"男"
5.   };
6.  for(x in box)
7.  {
8.   document.write(box[x]+"<br/>");
9.  }
```

（3）while 语句，当指定的条件为 true 时，循环指定的代码块。先判断，再执行语句，这种比较实用，示例如下。

```
1.  var box=1;
2.  while(box<=5)
3.  {
4.   document.write("box="+box+"<br/>");
5.   box++;
6.  }
```

（4）do…while 语句，同样当指定的条件为 true 时，循环指定的代码块。先执行一次，再判断，至少要执行一次，示例如下。

```
1.  var box=1;
2.  do{
3.   document.write("box="+box+"<br/>");
4.   box++;
5.  }while(box<=10)
```

3. 其他语句

（1）break 语句，用于跳出循环。

```
1.  for(var box=1;box<=10;box++)
2.  {
3.     if(box==5)
4.     {
5.       break;//强制退出整个循环
6.     }
7.  document.write("box="+box+"<br/>");
8.  }
```

执行到第 4 次循环时不再继续执行，跳出了整个循环，输出的内容少了 box=5 之后的循环内容。

（2）continue 语句，用于跳过循环中的一个迭代。

```
1.  for(var box=1;box<=10;box++)
2.  {
3.     if(box==5)
4.     {
5.       continue;//退出当前循环，还会继续执行后面的循环
6.     }
7.  document.write("box="+box+"<br/>");
8.  }
```

执行到第 4 次循环时，continue 语句满足条件，跳出这一次循环，继续执行第 5 次循环，输出的内容只少了 box=5。

（3）with 语句，将代码的作用域设置到一个特定的对象中。

先来看一般怎样输出对象的属性值。

```
1.  var box={
2.    name:"张三",
3.    age:24,
4.    sex:"男"
5.  };
6.  var n=box.name;
7.  var a=box.age;
8.  var s=box.sex;
9.  document.write(n+"<br/>");
```

```
10. document.write(a+"<br/>");
11. document.write(s);
```

改用 with 语句来写，代码如下。

```
1.  var box={
2.    name:"张三",
3.    age:24,
4.    sex:"男"
5.  };
6.  with(box){
7.    var n=name;
8.    var a=age;
9.    var s=sex;
10. };
11. document.write(n+"<br/>");
12. document.write(a+"<br/>");
13. document.write(s);
```

5.2 模块规范

目前 JavaScript 通用的模块化规范主要有 CommonJS、AMD、UMD、CMD 和 ES6 等。

5.2.1 CommonJS 规范

CommonJS 主要用于服务端的模块化规范，可以说 Node.js 是它的最佳实践。看下面一个例子。

```
1.  //导入一个文件系统模块，返回的是一个对象
2.  var fs = require('fs');
3.  //调用对象的 readFile 方法，读文件
4.  fs.readFile('test.txt', function(data){
5.      console.log(data);
6.  });
```

上面是一个读文件的操作，主要引入文件系统模块，这是一个同步的过程。当然，也可以自定义一个模块实现特定的功能。如要实现一个 Multi 模块，可以通过如下代码来实现。

```
1.  //multi.js
2.  function multi(a ,b) {
3.      return a*b;
4.  }
5.  module.exports = {
6.      multi: multi
7.  }//moduleTest.js
```

```
8.  var obj = require('./multi.js');
9.  var res = obj.multi(3, 4);
```

5.2.2 AMD 规范

上面的 CommonJS 规范不适合浏览器端的模块化开发，因为使用 CommonJS 请求模块是一个同步的过程，如果浏览器用 CommonJS 规范去开发很可能会出现阻塞情况或假死情况，为解决这种情况，出现了 AMD 规范。由于 AMD 规范不是原生 JS 所支持的规范，AMD 规范需要用到 RequireJS 库。

AMD 的用法如下。

定义模块：define([依赖的模块], function(){ //自定义模块 })。

引入模块：require([依赖的模块], function(){ //回调 })。

在这里，需要说明的一点是，RequireJS 依赖前置，先执行依赖的模块，再执行当前模块。

5.2.3 UMD 规范

既然 CommonJs 和 AMD 规范一样流行，那么似乎缺少一个统一的规范，所以人们产生了这样的需求，希望有支持两种规范的“通用”模式，于是通用模块（UMD）规范诞生了。UMD 是 AMD 和 CommonJS 的结合，它的实现很简单：先判断是否支持 NodeJS 模块格式（exports 是否存在），支持则使用 NodeJS 模块格式；再判断是否支持 AMD（define 是否存在），支持则使用 AMD 方式加载模块。

下面是一个示例。

```
1.  eventUtil.js
2.  (function (root, factory) {
3.     if (typeof exports === 'object') {
4.         module.exports = factory();
5.          } else if (typeof define === 'function' && define.amd) {
6.         define(factory);
7.             } else {
8.         root.eventUtil = factory();
9.     }
10. })(this, function() {
11.    // module
12.    return {
13.        addEvent: function(el, type, handle) {
14.          //...
15.        },
16.        removeEvent: function(el, type, handle) {
17.            },
18.    };
19. });
```

5.2.4 CMD 规范

CMD 的典型应用就是 Sea.js。Sea.js 与 RequireJS 在实现上是差不多的，但是还是有一些区别，主要是在定义方式上和模块的执行时机上。

定义模块：define(function(require, exports, module){ })。

可以看到，Sea.js 在定义模块的时候，并不会像 RequireJS 那样依赖前置，而是根据就近依赖的原则，需要的时候再去引入。Sea.js 主要是对模块先加载不执行，等遇到 require 的时候才会去执行模块。

对于 RequireJS 和 Sea.js 的差异，可以看下面这个例子。

c.js 文件代码如下。

```
1.  define(function(require, exports, module){
2.        console.log('c Module');
3.        require('./b.js');
4.        console.log('c module finished');
5.  })
```

b.js 文件代码如下。

```
1.  define(function(require, exports, module){
2.        console.log('b Module');
3.        require('./a.js');
4.        console.log('b module finished');
5.  })
```

a.js 文件代码如下。

```
1.  define(function(require, exports, module){
2.        console.log('a Module');
3.  })
```

html 文件代码如下。

```
1.  //RequireJS 文件部分代码
2.  <script src="require.min.js" data-main="c.js"></script>
3.  //Sea.js 文件部分代码
4.  <script src="Sea.js"></script>
5.  <script>seajs.use('./c');  </script>
```

5.2.5 ES6 规范

ES6 模块结合了 CommonJS 和 AMD 的优点，其类似 CommonJS，具有简洁的语法，支持对模块循环引用；也类似 AMD，支持异步加载和有条件的模块加载。

ES6 模块的设计思想是尽量静态化，使得编译时就能确定模块的依赖关系，以及输入和输出的变量。CommonJS 和 AMD 模块，都只能在运行时确定这些内容。例如，CommonJS 模块就是对象，输入时必须查找对象属性。

ES6 模块输出方式为 export 和 export default，ES6 模块输入方式为 import…from…，示例如下。

```
1.  // profile.js
2.  var firstName = 'Michael';
3.  var lastName = 'Jackson';
4.  var year = 1958;
5.   export {firstName, lastName, year};
```

需要特别注意的是，export 命令规定的是对外的接口，该接口必须与模块内部的变量建立一一对应关系。

写法一：

```
1.  export var m = 1;
```

写法二：

```
1.  var m = 1;
2.  export {m};
```

写法三：

```
1.  var n = 1;
2.  export {n as m};
```

使用 export default 命令，为模块指定默认输出，代码如下。

```
1.  // export-default.js
2.  export default function () {
3.    console.log('foo');
4.  }
```

5.3 面向对象设计

JaveScript 虽然支持面向对象的编程方法，但是需要通过一定的技巧才能勉强实现面向对象语言的特性。它与其他强类型的面向对象语言（如 Java、C#），甚至弱类型的脚本语言（如 Python）相比，其面向对象的特性可以用捉襟见肘来形容。

本节主要介绍 JavaScript 面向对象的编程方法，使读者对 JavaScript 的面向对象设计有一个基本的认识。

5.3.1 类和对象

类是一种具有相同特征（属性）和行为（方法）的集合。例如，人类具有身高、体重等属性，吃饭、大笑等行为，所以可以把人划分为一类。

对象是从类中拿出具有确定属性值和行为的个体。例如，张三具有身高 180cm、体重 80kg 等属性，同时张三具有吃饭、大笑等行为。

1. 类和对象的关系

（1）类是抽象的，对象是具体的（类是对象的抽象化，对象是类的具体化）。

（2）类是一个抽象的概念，只能说类有属性和方法，但是不能给属性赋具体的值。例如，人类有姓名，但是不能说人类的姓名叫什么。

对象是一个具体的个例，是将类中的属性进行具体赋值而来的个体。例如，张三是一个人类的个体，可以说张三的姓名叫张三，也就是张三对人类的每一个属性进行了具体的赋值，那么张三就是由人类产生的一个对象。

2. 使用类和对象的步骤

（1）创建一个类（构造函数），类的命名必须依据大驼峰法则，即每个单词首字母都要大写，格式如下。

```
1.  function 类名(属性1){
2.          this.属性1=属性1;
3.          this.方法=function(){
4.           //方法中要调用自身属性，必须使用this.属性
5.          }
6.  }
```

（2）通过类实例化（new）出一个实体对象。

var obj=new 类名(属性1的具体值)，示例代码如下。

```
1.  var person = new Person();
2.  person.firstName = "Bill";
3.  person.lastName = "Gates";
4.  person.age = 50;
5.  person.eyeColor = "blue";
```

（3）注意事项。

第一，通过类名实例化出一个对象的过程，叫作“类的实例化”。第二，类中的this，会在实例化的时候，指向新实例化出的对象。所以，this.属性和this.方法实际上是将属性和方法绑定在即将实例化出的对象上面。第三，在类中，要调用自身属性，必须使用this.属性名。如果直接使用变量名，则无法访问对应的属性。第四，类名必须使用大驼峰法则，注意与普通函数区分。

（4）面向对象的两个重要属性：其一是constructor，返回当前对象的构造函数；其二是instanceof，检测一个对象是不是一个类的实例。

（5）广义对象与狭义对象。

狭义对象：只有属性和方法，除此之外没有任何其他内容，示例如下。

```
1.  var obj={};  //用{}声明的对象
2.  var obj=new Object(); //用new声明的对象
```

广义对象：除了用字面量声明的基本数据类型之外，JavaScript中万物皆对象。换句话说，只要能添加属性和方法的变量，都可以称为对象，示例如下。

```
1.  var s="123";  //不是对象
2.  s.name="aaa";
3.  console.log(typeof(s)); //String
4.  console.log(s.name); //undfined 字面量声明的字符串不是对象，不能添加属性
5.  var s=new String("123");  //是对象
6.  s.name="aaa";
7.  console.log(typeof(s)); //Object
8.  console.log(s.name); //"aaa" 使用new声明的字符串是对象，能添加属性和方法
```

5.3.2 创建对象

JavaScript 创建对象的方式有很多，通过 Object 构造函数或对象字面量可以创建单个对象，显然这两种方式会产生大量的重复代码，并不适合量产。接下来介绍 7 种非常经典的创建对象的方式。

1. 工厂模式

工厂模式就是把实现同一件事情的相同的代码放到一个函数中，以后如果再想实现这个功能，不需要重新编写这些代码，只需要执行当前的函数即可，即函数的封装。函数封装的好处是“低耦合高内聚”，即减少页面中的冗余代码，提高代码的重复利用率。

该模式可以无数次调用定义的工厂函数，每次都会返回一个包含两个属性和一个方法的对象。

工厂模式虽然解决了创建多个相似对象的问题，但是没有解决对象识别问题，即不知道一个对象的类型。

工厂模式示例如下。

```
1.  function createPerson(name, job) {
2.   var o = new Object()
3.   o.name = name
4.   o.job = job
5.   o.sayName = function() {
6.    console.log(this.name)
7.   }
8.   return o
9.  }
10. var person1 = createPerson('Jiang', 'student')
11. var person2 = createPerson('X', 'Doctor')
```

2. 构造函数模式

使用工厂模式创建的对象，使用的构造函数都是 Object，所创建的对象都是 Object 类型，这样导致无法区分出多种不同类型的对象。为解决这个问题，需要采用构造函数模式，构造函数模式的目的就是创建一个自定义类，并且创建这个类的实例。构造函数模式中拥有类和实例的概念，并且实例和实例之间是相互独立的。

构造函数就是一个普通的函数，其创建方式和普通函数的创建方式没有区别，不同的是构造函数习惯上首字母大写。另外就是调用方式不同，普通函数是直接调用，而构造函数需要使用 new 关键字来调用。

构造函数的执行流程。

（1）立刻创建一个新的对象。

（2）将新建的对象设置为函数中的 this。

（3）逐行执行函数中的代码。

（4）将新建的对象作为返回值返回。

构造函数模式示例如下。

```
1.  function Person(name, age, gender) {
2.          this.name = name
3.          this.age = age
4.          this.gender = gender
5.          this.sayName = function () {
6.              alert(this.name);
7.          }
8.      }
9.      var per = new Person("孙悟空", 18, "男");
10.     function Dog(name, age, gender) {
11.         this.name = name
12.         this.age = age
13.         this.gender = gender
14.     }
15.     var dog = new Dog("旺财", 4, "雄")
16.     console.log(per);//当我们直接在页面中打印一个对象时，实际上是输出的对象的
        toString 方法的返回值
17.     console.log(dog);
```

3. 原型模式

当创建一个函数时，解析器会向函数添加一个属性 prototype，这个属性对应着一个对象，这个对象就是所谓的原型对象。如果函数作为普通函数调用 prototype，则没有任何作用。当函数以构造函数的形式调用 prototype 时，它所创建的对象中会有一个隐含的属性，指向该构造函数的原型对象，这里可以通过__proto__来访问该属性，示例如下。

```
1.      function MyClass() {}
2.      var mc = new MyClass()
3.      console.log(mc.__proto__ === MyClass.prototype)//true
```

原型对象就相当于一个公共的区域，同一个类的所有实例都可以访问这个原型对象，可以将对象中共有的内容，统一设置到原型对象中。当访问对象的一个属性或方法时，首先在对象自身中查找，如果有则直接使用，如果没有则会去原型对象中查找，如果在原型对象中找到则直接使用，如果没有找到则去原型的原型中查找，直到 Object 对象的原型，如果在 Object 原型中依然没有找到，则返回 undefined，示例如下。

```
1.      function MyClass() {}
2.      MyClass.prototype.a = 123;
3.      MyClass.prototype.sayHello = function () {
4.        alert("hello");
5.      };
6.      var mc = new MyClass()
7.      console.log(mc.a)//123
8.      console.log("a" in mc);//true
```

```
9.      //使用in检查对象中是否含有某个属性时，如果对象中没有但是原型中有，也会返回true
10.     console.log(mc.hasOwnProperty("age"));//false
11.     //使用对象的hasOwnProperty来检查对象自身中是否含有该属性
12.     console.log(mc.__proto__.hasOwnProperty("hasOwnProperty"));//false
13.     console.log(mc.__proto__.__proto__.hasOwnProperty("hasOwnProperty"));
        //true
14.     console.log(mc.__proto__.__proto__.__proto__);//null
```

以后创建构造函数时，可以将这些对象共有的属性和方法，统一添加到构造函数的原型对象中，这样不用分别为每一个对象添加属性和方法，也不会影响到全局作用域，就可以使每个对象都具有这些属性和方法，示例如下。

```
1.  function Person(name, age , gender){
2.      this.name = name;
3.      this.age = age;
4.      this.gender = gender;
5.  }
6.  Person.prototype.sayName = function () {
7.      alert("Hello大家好，我是:" + this.name);
8.  }
```

4. 组合使用构造函数模式和原型模式

这是使用最为广泛、认同度最高的一种创建自定义类型的方法。这种方法可以避免上面那些模式的缺点，同时使用此模式可以让每个实例都会有自己的一份实例属性副本，但又共享着对方法的引用。这样，即使实例属性修改引用类型的值，也不会影响其他实例的属性值，示例如下。

```
1.  function Person(name) {
2.   this.name = name
3.   this.friends = ['Shelby', 'Court']
4.  }
5.  Person.prototype.sayName = function() {
6.   console.log(this.name)
7.  }
8.  var person1 = new Person()
9.  var person2 = new Person()
10.  person1.friends.push('Van')
11.  console.log(person1.friends) //["Shelby", "Court", "Van"]
12.  console.log(person2.friends) // ["Shelby", "Court"]
13.  console.log(person1.friends === person2.friends) //false
```

5. 动态原型模式

动态原型模式将所有信息都封装在构造函数中，通过在构造函数中初始化原型（仅在必要的情况下），保持了同时使用构造函数和原型的优点。换句话说，可以通过检查某个应该存在的方法是否有效，来决定是否需要初始化原型，示例如下。

```
1.  function Person(name, job) {
2.   // 属性
3.   this.name = name
4.   this.job = job
5.   // 方法
6.   if(typeof this.sayName !== 'function') {
7.    Person.prototype.sayName = function() {
8.      console.log(this.name)
9.    }
10.  }
11. }
12. var person1 = new Person('Jiang', 'Student')
13. person1.sayName()
```

这段代码只在初次调用构造函数的时候才会执行。另外，if 语句检查的可以是初始化之后应该存在的任何属性或方法，所以不必用一大堆的 if 语句检查每一个属性和方法，只要检查一个就行。

6. 寄生构造函数模式

这种模式的基本思想就是创建一个函数，该函数的作用仅仅是封装创建对象的代码，然后再返回新建的对象，示例如下。

```
1.  function Person(name, job) {
2.    var o = new Object()
3.   o.name = name
4.   o.job = job
5.   o.sayName = function() {
6.    console.log(this.name)
7.   }
8.   return o
9.  }
10. var person1 = new Person('Jiang', 'student')
11. person1.sayName()
```

这个模式，除了使用 new 操作符并把使用的包装函数叫做构造函数之外，和工厂模式几乎一样。另外，构造函数如果不返回对象，默认也会返回一个新的对象。通过在构造函数的末尾添加一个 return 语句，可以重写调用构造函数时返回的值。

7. 稳妥构造函数模式

首先需要明白稳妥对象指的是没有公共属性，而且其方法也不引用 this。稳妥对象最适合在一些安全环境中（这些环境会禁止使用 this 和 new），或防止数据被其他应用程序改动时使用。

稳妥构造函数模式和寄生模式类似，有两点不同，一是创建对象的实例方法不引用 this，二是不使用 new 操作符调用构造函数，示例如下。

```
1.  function Person(name, job) {
2.   var o = new Object()
3.   o.name = name
4.   o.job = job
5.   o.sayName = function() {
6.    console.log(name)
7.   }
8.   return o
9.  }
10. var person1 = Person('Jiang', 'student')
11. person1.sayName()
```

5.3.3 使用对象

JavaScript 中的所有事物都是对象，如字符串、数值、数组、函数等，每个对象带有属性和方法。对象的属性是反映该对象某些特定的性质的，如字符串的长度、图像的长宽等；对象的方法是能够在对象上执行的动作，例如，表单的“提交”（Submit），时间的“获取”（getYear）等。

JavaScript 提供多个内建对象，如 String、Date、Array 等，使用对象前需先定义，如使用数组对象示例如下。

```
1.  var objectName =new Array();//使用 new 关键字定义对象
2.  var objectName =[];
```

访问对象属性的语法如下。

```
1.  objectName.propertyName
```

如使用 Array 对象的 length 属性来获得数组的长度。

```
1.  var myarray=new Array(6);//定义数组对象
2.  var myl=myarray.length;//访问数组长度 length 属性
```

以上代码执行后，myl 的值是 6。

访问对象的方法如下。

```
1.  objectName.methodName()
```

如使用 string 对象的 toUpperCase 方法来将文本转换为大写，代码如下。

```
1.  var mystr="Hello world!";//创建一个字符串
2.  var request=mystr.toUpperCase(); //使用字符串对象方法
```

以上代码执行后，request 的值是 HELLO WORLD!

5.4 JSON 介绍

JSON 指的是 JavaScript 对象表示法（JavaScript Object Notation），是轻量级的文本数据交换格式，同时也是独立语言，具有自我描述性，更易理解。

JSON 使用 JavaScript 语法来描述数据对象，但是 JSON 仍然独立于语言和平台。另外，JSON 解析器和 JSON 库支持许多不同的编程语言。

5.4.1 JSON 语法

JSON 语法是 JavaScript 对象表示语法的子集，它的语法规则如下。

- 数据在名称/值对中。
- 数据由逗号分隔。
- 花括号保存对象。
- 中括号保存数组。

下面分别介绍 JSON 的名称/值对、值、数字、对象、数据等语法。

1. JSON 名称/值对

JSON 数据的书写格式是：名称/值对。名称/值对包括字段名称（在双引号中），后面写一个冒号，然后是值。

```
1.  "name" : "JSON 教程"
```

这很容易理解，等价于这条 JavaScript 语句。

```
1.  name = "JSON 教程"
```

2. JSON 值

JSON 值的类型如下。

- 数字（整数或浮点数）。
- 字符串（在双引号中）。
- 逻辑值（true 或 false）。
- 数组（在中括号中）。
- 对象（在花括号中）。

3. JSON 数字

JSON 数字可以是整型或者浮点型，示例如下。

```
1.  { "age":30 }
```

4. JSON 对象

JSON 对象在花括号中书写，对象可以包含多个名称/值对。

```
1.  { "name":"JSON 教程" , "url":"www.json.org" }
```

这一点也容易理解，与这条 JavaScript 语句等价。

```
1.  name = "JSON 教程" url = "www.json.org"
```

5. JSON 数组

JSON 数组在中括号中书写，可包含多个对象。

```
1.  { "sites": [ { "name":"JSON 教程" , "url":"www.json.org" }, { "name":"百度" ,
"url":"www.baidu.com" }, { "name":"微博" , "url":"www.weibo.com" } ] }
```

在上面的例子中，对象"sites"是包含三个对象的数组。每个对象代表一条关于某个网站（name、url）的记录。

6. JSON 布尔值

JSON 布尔值可以是 true 或者 false，示例如下。

```
1.  { "flag":true }
```

7. JSON null

JSON 可以设置 null 值，示例如下。

```
1.  { "runoob":null }
```

8. JSON 使用 JavaScript 语法

因为 JSON 使用 JavaScript 语法，所以开发者无需额外的软件就能处理 JavaScript 中的JSON。通过 JavaScript，可以创建一个对象数组，并进行赋值，代码如下。

```
1.  var sites = [ { "name":"json" , "url":"www.json.org" }, { "name":"百度" ,
"url":"www.baidu.com" }, { "name":"微博" , "url":"www.weibo.com" } ];
```

可以访问 JavaScript 对象数组中的第 1 项（索引从 0 开始），代码如下。

```
1.  sites[0].name;
```

返回的内容是：json

可以像这样修改数据。

```
1.  sites[0].name="JSON 教程";
```

使用 JSON 进行程序编写，示例如下。

```
1.  <!DOCTYPE html>
2.  <html>
3.  <head>
4.  <meta charset="utf-8">
5.  <title>JSON 教程</title>
6.  </head>
7.  <body>
8.  <h2>JavaScript 创建 JSON 对象</h2>
9.  <p>第一个网站名称：<span id="name1"></span></p>
10. <p>第一个网站修改后的名称：<span id="name2"></span></p>
11. <script>
12. var sites = [
13.  { "name":"json" , "url":"www.json.org" },
14.  { "name":"百度" , "url":"www.baidu.com" },
15.  { "name":"微博" , "url":"www.weibo.com" }
16. ];
17. document.getElementById("name1").innerHTML=sites[0].name;
18. // 修改网站名称
19. sites[0].name="JSON 教程";
20. document.getElementById("name2").innerHTML=sites[0].name;
21. </script>
22. </body>
23. </html>
```

运行结果如图 5-4 所示。

运行结果

JavaScript 创建 JSON 对象

第一个网站名称: json

第一个网站修改后的名称: JSON教程

图 5-4 创建 JSON 对象

5.4.2 读取 JSON

JSON 是 JavaScript 的一个子集，所以可以在 JavaScript 中轻松地读写 JSON。读和写 JSON 都有两种方法，分别是利用“.”操作符和“[key]”的方式。首先定义一个 JSON 对象，代码如下。

```
1.  var obj = {
2.                  1: "value1",
3.                  "2": "value2",
4.                  count: 3,
5.                  person: [ //数组结构 JSON 对象，可以嵌套使用
6.                                  {
7.                                      id: 1,
8.                                      name: "张三"
9.                                  },
10.                                 {
11.                                     id: 2,
12.                                     name: "李四"
13.                                 }
14.                         ],
15.                 object: { //对象结构 JSON 对象
16.                     id: 1,
17.                     msg: "对象里的对象"
18.                 }
19.         };
```

1. 从 JSON 中读数据

从 JSON 中读数据，代码如下。

```
1.  function ReadJSON() {
2.                  alert(obj.1); //会报语法错误,可以用 alert(obj["1"]);说明数字最
                                    好不要做关键字
3.                  alert(obj.2); //同上
4.                  alert(obj.person[0].name); //或alert(obj.person[0]["name"])
5.                  alert(obj.object.msg); //或 alert(obj.object["msg"])
6.          }
```

2. 向 JSON 中写数据

向 JSON 中增加一条数据，代码如下。

```
1.  function Add() {
2.
3.              obj.sex= "男" //或obj["sex"]="男"
4.      }
```

增加数据后的 JSON 对象如图 5-5 所示。

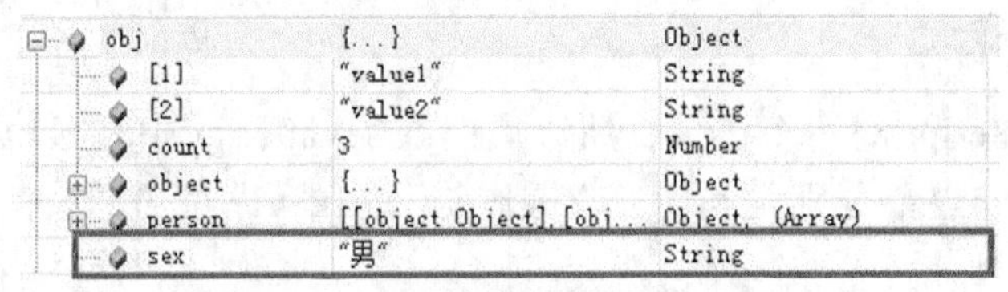

图 5-5　增加数据后的 JSON 对象

3. 修改 JSON 中的数据

修改 JSON 中 count 的值，代码如下。

```
1.  function Update() {
2.              obj.count = 10; //或obj["count"]=10
3.      }
```

修改后的 JSON 如图 5-6 所示。

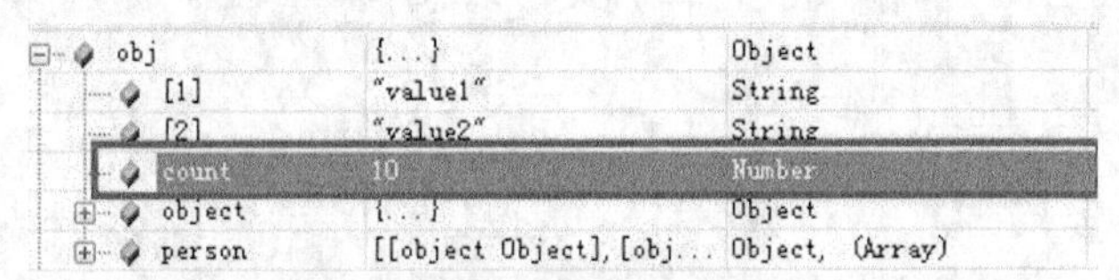

图 5-6　修改 JSON 中的数据

4. 删除 JSON 中的数据

从 JSON 中删除 count 这条数据，代码如下。

```
1.  function Delete() {
2.              delete obj.count;
3.      }
```

删除后的 JSON 如图 5-7 所示。

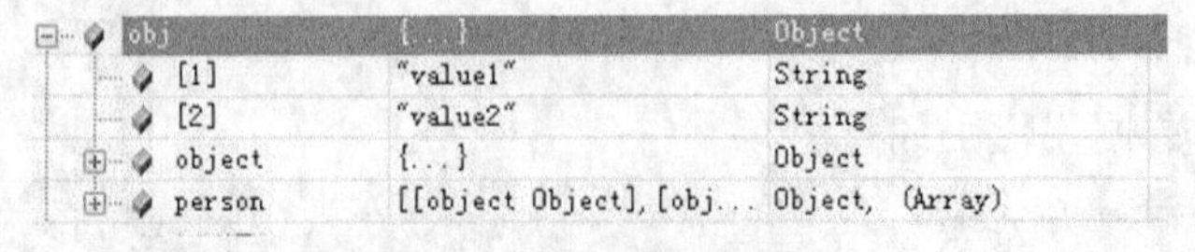

图 5-7　删除后的 JSON

可以看到 count 已经从 JSON 对象中被删除了。

5. 遍历 JSON 对象

可以使用 for…in…循环来遍历 JSON 对象中的数据，如要遍历输出 obj 对象的值，代码如下。

```
1.  function Traversal() {
2.              for (var c in obj) {
3.                  console.log(c + ":", obj[c]);
4.              }
5.          }
```

程序输出结果如图 5-8 所示。

```
日志: 1:value1
日志: 2:value2
日志: count:3
日志: person:[object Object],[object Object]
日志: object:[object Object]
```

图 5-8　程序输出结果

5.4.3　创建 JSON

JSON 作为一种简单的数据格式，比 XML 更轻巧。它是 JavaScript 原生格式，这意味着在 JavaScript 中处理 JSON 数据不需要任何特殊的 API 或工具包。

JSON 的对象是一个无序的“名称/值”集合。一个对象以“{”（左花括号）开始，“}”（右花括号）结束。每个“名称”后跟一个“:”（冒号），“名称/值”之间使用“,”（逗号）分隔。

规则如下。

（1）映射用“:”表示。格式为“名称:值”。

（2）并列的数据之间用“,”分隔。格式为“名称 1:值 1,名称 2:值 2”。

（3）映射的集合（对象）用“{}”表示。格式为“{名称 1:值 1,名称 2:值 2}”。

（4）并列数据的集合（数组）用“[ ]”表示，格式如下。

```
1.  [
2.    {名称 1:值,名称 2:值 2},
3.    {名称 3:值,名称 4:值 4}
4.  ]
```

（5）元素值可具有的类型：string、number、object、array、true、false、null。

JSON 用冒号（而不是等号）来赋值，每一条赋值语句用逗号分开，整个对象用花括号封装起来，可用花括号分级嵌套数据。对象描述中存储的数据可以是字符串，数字或者布尔值。对象描述也可存储函数，也就是对象的方法。

JSON 只是一种文本字符串，它被存储在 responseText 属性中。为了读取存储在 responseText 属性中的 JSON 数据，需要用到 JavaScript 的 eval 函数。eval 函数会把一个字符串当作它的参数，然后这个字符串会被当作 JavaScript 代码来执行。因为 JSON 的字符串就是由 JavaScript 代码构成的，所以它本身是可执行的，示例如下。

```
1.   <script language="JavaScript">
2.     var people ={"firstName": "Brett", "lastName":"McLaughlin",
                  "email": "brett@newInstance.com" };
3.     alert(people.firstName);
```

```
4.      alert(people.lastName);
5.      alert(people.email);
6.   </script>
```

5.5 本章小结

本章重点介绍了微信小程序的 JavaScript 交互逻辑，分别从 JavaScript 基础、模块规范、面向对象设计及 JSON 介绍这几个方面进行深入详细的讲解。一个服务仅仅只有界面展示是不够的，还需要与用户做交互及响应用户的点击、获取用户的位置，等等，JavaScript 交互可实现这样的要求。通过本章的学习，读者应掌握 JavaScript 的基本用法，为后续的学习打下扎实的基础。

第 6 章　小程序组件

学习目标

- 了解小程序组件的分类。
- 掌握视图容器的使用。
- 掌握表单组件、导航组件及媒体组件的使用。
- 掌握自定义组件的使用。

从小程序基础库版本 1.6.3 开始，小程序支持简洁的组件化编程。所有自定义组件相关特性都需要基础库 1.6.3 或更高版本。

开发者可以将页面内的功能模块抽象成自定义组件，以便在不同的页面中重复使用；也可以将复杂的页面拆分成多个低耦合的模块，有助于代码维护。自定义组件在使用时与基础组件非常相似。

小程序组件包括视图容器、基础内容、表单组件、导航组件、媒体组件、地图与画布及自定义组件等。

6.1 视图容器

小程序的视图容器主要有 3 种，分别是 view、scroll-view 和 swiper。下面分别介绍这 3 种视图容器。

6.1.1 view

view 是小程序最常用最基础的视图容器，有多个属性，如下所述。

（1）hover：是否启用点击态，默认是 false。

设置这个属性就是将视图设置成可点击之后的样式。设置代码如下。

```
1.   <view hover="{{false}}">123</view>
```

（2）hover-class：指定按下去的样式类，默认值是 none。设置 hover 属性之后，其实没有样式效果，这是因为没有设置 hover-class 属性。该属性决定了 view 按下去之后的样式。设置代码如下。

```
1.   <view hover="{{true}}" hover-class="red">123</view>
```

其中 red 是一个 WXSS 的样式，表达如下。

```
1.  .red{
2.     background: red
3.  }
```

（3）hover-start-time：按住后多久出现点击态，单位为 ms。

（4）hover-stay-time：手指松开后点击态保留时间，单位为 ms。

示例代码如下。

```
1.  // wxml
2.  <view class="section">
3.    <view class="section__title">flex-direction: row</view>
4.    <view class="flex-wrp_one">
5.      <view class="flex-item bc_green">1</view>
6.      <view class="flex-item bc_red">2</view>
7.      <view class="flex-item bc_blue">3</view>
8.    </view>
9.  </view>
```

上述代码是在 wxml 文件中添加，如图 6-1 所示。

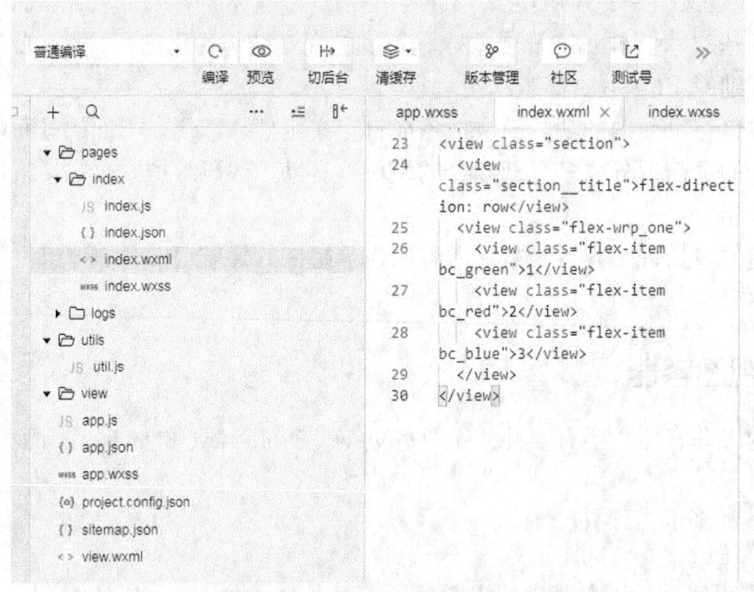

图 6-1　在 wxml 文件中添加代码

接着在 wxss 文件中添加代码如下，如图 6-2 所示。

```
1.  // wxss
2.  .flex-wrp_one{
3.     display: flex;
4.     flex-direction: row;
5.  }
6.  .flex-item{
7.     width: 100px;
```

```
8.     height: 100px;
9.  }
10. .bc_green{
11.    background: green;
12. }
13. .bc_red{
14.    background: red;
15. }
16. .bc_blue{
17.    background: blue;
18. }
```

运行后显示结果如图 6-3 所示，1 为绿色，2 为红色，3 为蓝色。

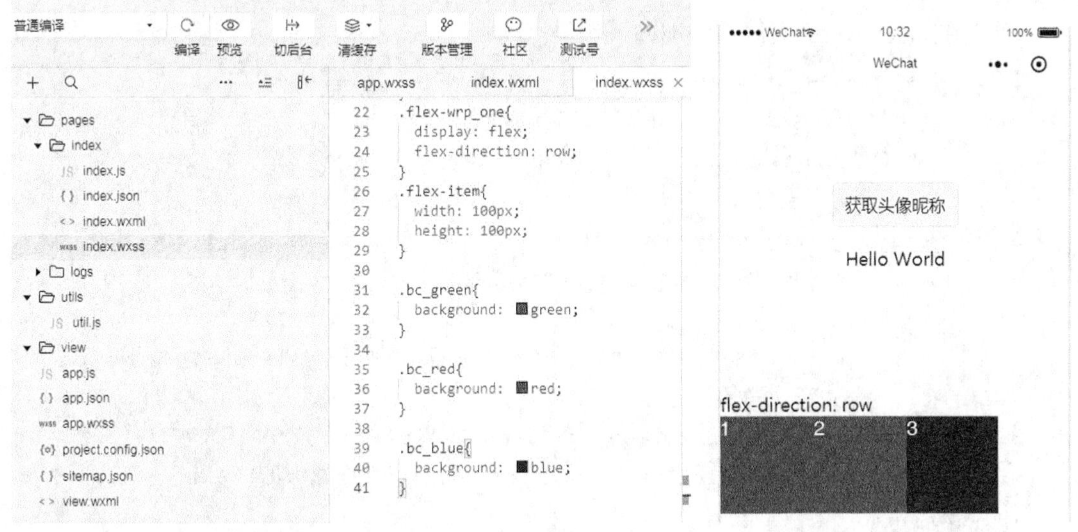

图 6-2　在 wxss 文件中添加代码　　　　图 6-3　运行结果

6.1.2　scroll-view

scroll-view 是可滚动视图区域，一个大的可滚动的布局可以包裹小布局，代码如下。

```
1.    <scroll-view class="scroll-view_H" scroll-x="true" bindscroll=
      "scroll" style="width: 100%">
2.      <view id="demo1" class="scroll-view-item_H demo-text-1"></view>
3.      <view id="demo2"  class="scroll-view-item_H demo-text-2"></view>
4.      <view id="demo3" class="scroll-view-item_H demo-text-3"></view>
5.    </scroll-view>
```

下面介绍 scroll-view 的各个属性。

（1）scroll-x：是否允许横向滚动，默认是 false。设置代码如下。

```
1.  <scroll-view scroll-x={{false}}>
```

（2）scroll-y：是否允许纵向滚动。其他方面与 scroll-x 一致。

（3）upper-threshold：距顶部/左边多远（单位 px）时，触发 scrolltoupper 事件。

前半部分不难理解，就是一个距离的问题，形式是 upper-threshold="100"，后面的事件，到底如何触发呢。这就涉及另外一个属性 bindscrolltoupper，形式是 bindscrolltoupper='upper'，这个 upper 就是定义在 JavaScript 文件里面的函数，代码如下。

```
1.      Page({
2.        data: {
3.                },
4.        upper: function (e) {
5.              console.info("1111")
6.        }
7.      })
```

也就是当距顶部/左边一定距离的时候，就会触发 bindscrolltoupper 绑定的一个 JavaScript 函数。

首先在 index.wxml 文件中添加如下代码。

```
1.  <view class="container">
2.      <scroll-view class="srcoll_view" scroll-y="true" lower-threshold=
        "100" bindscrolltolower="lower" scroll-top="{{scrollTop}}" scroll-
        into-view="{{toView}}">
3.          <view id="green" class="flex-item bc_green">1</view>
4.          <view id="red" class="flex-item bc_red">2</view>
5.          <view id="blue" class="flex-item bc_blue">3</view>
6.          <view id="yellow" class="flex-item bc_yellow">4</view>
7.      </scroll-view>
8.      <view class="clickItem" bindtap="clickAdd">点击向下滚动</view>
9.      <view class="clickItem" bindtap="clickTo">点击滚动到下一个子 view</view>
10. </view>
```

接着在 index.wxss 文件中添加如下代码。

```
1.  .srcoll_view{
2.    height: 200px;
3.  }
4.  .flex-item{
5.     width: 100%;
6.     height: 100px;
7.     box-sizing: border-box;
8.  }
9.  .bc_green{
10.   background-color: green;
11. }
12. .bc_red{
13.   background-color: red;
```

```
14. }
15. .bc_blue{
16.   background-color: blue;
17. }
18. .bc_yellow{
19.   background-color: yellow;
20. }
21. .clickItem{
22.   margin-top: 20px;
23.   background-color: grey;
24.   height: 20px;
25.   border-radius: 5px;
26. }
```

最终运行结果如图 6-4 所示。

图 6-4 运行结果

6.1.3 swiper

swiper 是滑动组件容器，控制着一组轮播图。在这个容器里需要存放的是它的组件，也就是 swiper-item。实例如下，需要有几个轮播图就在 swiper 容器中写几个 swiper-item。

```
1.  <swiper>
2.      <swiper-item></swiper-item>
3.      <swiper-item></swiper-item>
4.      <swiper-item></swiper-item>
5.  </swiper>
```

swiper-item 的高度默认为 swiper 高度的 100%，因此想要改变显示的图片的大小需要在 swiper 中修改，代码如下。

```
1.  <swiper class="swiper" indicator-dots="true" vertical="false" indicator-
    color= "#eecdab"indicator-active-color="#ee8262" autoplay="true"
    interval="2000">
2.      <swiper-item><image src="/pics/1.jpg"></image></swiper-item>
3.      <swiper-item><image src="/pics/2.jpg"></image></swiper-item>
4.    </swiper>
```

示例代码如下。

首先，swiper.wxml 文件中的代码如下。

```
1.  <view class="container">
2.      <swiper indicator-dots="{{indicatorDots}}"
3.    autoplay="{{autoplay}}" interval="{{interval}}" duration="{{duration}}"
     circular="{{circular}}" bindchange="change">
4.          <block wx:for="{{imgUrls}}">
5.              <swiper-item>
6.              <image src="{{item}}" />
7.              </swiper-item>
8.          </block>
9.      </swiper>
10. </view>
```

其次，swiper.wxss 文件中的代码如下。

```
1.  swiper{
2.      height: 150px;
3.      width:100%;
4.  }
```

最后，swiper.js 文件中的代码如下。

```
1.  Page({
2.    data: {
3.      imgUrls: [
4.        'http://img02.tooopen.com/images/20150928/tooopen_sy_143912755726.jpg',
5.        'http://img06.tooopen.com/images/20160818/tooopen_sy_175866434296.jpg',
6.        'http://img06.tooopen.com/images/20160818/tooopen_sy_175833047715.jpg'
7.      ],
8.      indicatorDots: true,
9.      autoplay: true,
10.     interval: 2000,
11.     duration: 500,
12.     circular:true
13.   },
14.   change:function(e){
15.       console.log(e);
16.   }
17. })
```

运行结果如图 6-5 所示。

图 6-5 运行结果

6.2 基础内容

小程序组件的基础内容包括图标组件、文本组件、富文本组件和进度条。

6.2.1 图标组件

图标组件 icon 是小程序提供的图标组件。借助 icon 组件，可以以更低的资源占用展示更加丰富的内容，示例如下。

```
1.  <icon type="success"></icon>
```

icon 组件属性见表 6-1。

表 6-1 icon 组件属性

属性名	类型	默认值	说明
type	String		icon 类型有效值：success/success_no_circle/info/warn/waiting/cancel/download/search/clear
size	Number	23	icon 的大小，单位为 px
color	Color		icon 的颜色，同 CSS 的 color

对 icon 组件属性应用如下所示。

```
1.  <icon type="success" size="23" color="yellow"></icon>
```

在 wxml 文件中添加如下代码。

```
1.  <view class="group">
2.    <view>
3.      <icon s-for="type in types.smallDefault" type="{{type}}" class=
        "small-default" />
```

```
4.    </view>
5.    </view>
6.      <view class="group choose"> <icon s-for="size in sizes" type="success"
7.        size="{{size}}" class="icon-size" />
8.    </view>
9.      <view class="group choose">
10.     <icon s-for="color in colors" type="success" size="40" color=
        "{{color}}"  class="icon-color" />
11.    </view>
```

在 js 文件中添加如下代码。

```
1.  Page({
2.   data: {
3.    types: {
4.     smallDefault: ['success', 'info', 'warn', 'waiting', 'success_no_circle',
     'clear', 'search', 'personal', 'setting', 'top', 'close','cancel',
     'download', 'checkboxSelected', 'radioSelected', 'radioUnselect'] },
5.      colors: [ '#333', '#666', '#999', '#3C76FF', '#F7534F' ],
6.      sizes: [ 40, 35, 30, 25 ]
7.     }
8.       });
```

运行结果如图 6-6 所示。

图 6-6 运行结果

6.2.2 文本组件

文本组件 text 是小程序最基础的组件之一，借助 text 的组件，可以在页面展示文字。text 文本组件支持使用\n 换行。

text 文本组件的 3 个参数见表 6-2。

表 6-2　text 文本组件的 3 个参数

属性名	类型	默认值	说明
selectable	Boolean	false	文本是否可选
space	String	false	显示连续空格
decode	Boolean	false	是否解码

示例代码如下。

在 wxml 文件中添加如下代码。

```
1.  <view class="wrap">
2.      <view class="group">
3.          <view s-for="text in texts" class="text-box wrap-{{text}}">
4.              <view class="text-px text-{{text}}">{{text}}</view>
5.              <view class="text-content">
6.                  <view class="content content-{{text}}">
7.                      {{showContent}}
8.                  </view>
9.              </view>
10.         </view>
11.     </view>
12.     <view>
13.         <button class="btn" type="primary" bind:tap="addLine">add
            line</button>
14.         <button class="btn" type="primary" bind:tap="removeLine">
            remove line</button>
15.     </view>
16. </view>
```

在 js 文件中添加如下代码。

```
1.  Page({
2.      data: {
3.           texts: [
4.                '20px', '17px', '14px', '13px'
5.           ],
6.      showContent: '这是一段测试文本，可以折行，这是一段测试文本，可以折行，',
7.           text: '这是一段测试文本，可以折行，',
8.           n: 2
9.      },
10.     setText(n) {
11.         let showContent = this.getData('text').repeat(n);
```

```
12.         this.setData({
13.             showContent
14.         });
15.     },
16.     setN(n) {
17.         this.setData({
18.             n
19.         });
20.     },
21.     onShow() {
22.         let n = this.getData('n');
23.         this.setText(n);
24.     },
25.     addLine() {
26.         let n = this.getData('n');
27.         n++;
28.         this.setText(n);
29.         this.setN(n);
30.     },
31.     removeLine() {
32.         let n = this.getData('n');
33.         n > 0 && n--;
34.         this.setText(n);
35.         this.setN(n);
36.     }
37. });
```

运行结果如图 6-7 所示。

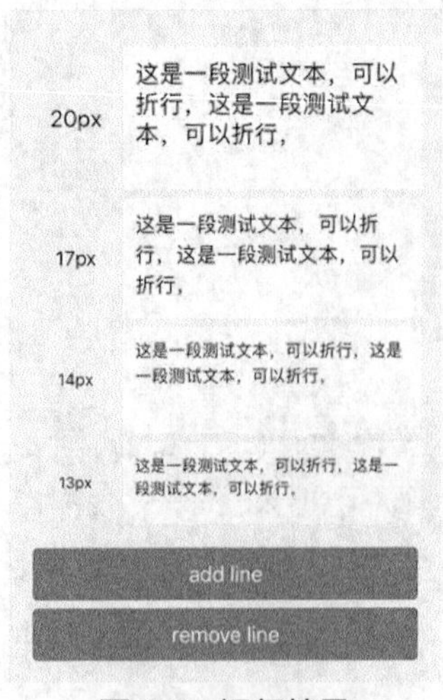

图 6-7 运行结果

6.2.3　富文本组件

富文本组件rich-text能够在小程序中渲染出富文本字符串，示例如下。

首先，在wxml文件中添加如下代码。

```
1.  <!-- rich-text.wxml -->
2.  <rich-text nodes="{{nodes}}" bindtap="tap"></rich-text>
```

其次，在js文件中添加如下代码。

```
1.  // rich-text.js
2.  Page({
3.    data: {
4.      nodes: [{
5.        name: 'div',
6.        attrs: {
7.          class: 'div_class',
8.          style: 'line-height: 60px; color: red;'
9.        },
10.       children: [{
11.         type: 'text',
12.         text: 'Hello World!'
13.       }]
14.     }]
15.   },
16.   tap() {
17.     console.log('tap')
18.   }
19. })
```

运行结果如图6-8所示。

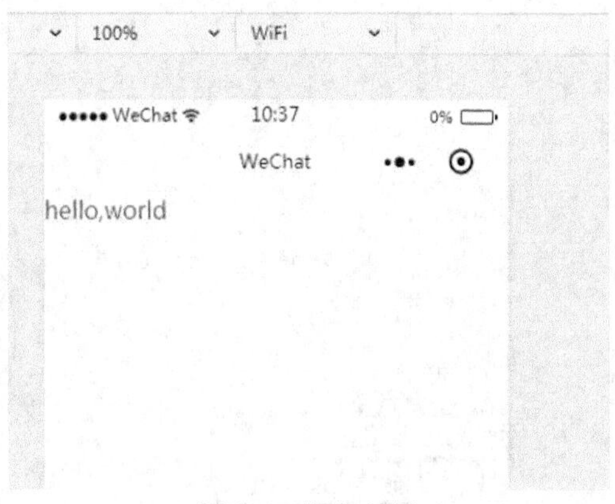

图6-8　运行结果

6.2.4　进度条

进度条组件Progress是小程序提供的，能够实现小程序动态加载，示例如下。

首先，在 index.wxml 文件中添加如下代码。

```
1. <!--
2.   percent:10.0  百分比 0~100
3.   show-info:false   在进度条右侧显示百分比
4.   border-radius:0   圆角大小，单位为 px（2.4.0 起支持 rpx）
5.   font-size:16  右侧百分比字体大小，单位为 px（2.4.0 起支持 rpx）
6.   stroke-width:6  进度条线的宽度，单位为 px（2.4.0 起支持 rpx）
7.   color:#09BB07   进度条颜色 （请使用 activeColor）
8.   activeColor:#09BB07   已选择的进度条的颜色
9.   backgroundColor:#09BB07   未选择的进度条的颜色
10.  active:false  进度条从左往右的动画
11.  active-mode:"backwards" backwards: 动画从头播; forwards: 动画从上次结束
     点继续播放
12.  bindactiveend  EventHandle    动画完成事件
13.  -->
14. <text>显示进度数字/字号 22</text>
15. <progress percent="20.88" font-size="22" show-info="{{true}}" />
16. <text>显示圆角加宽</text>
17. <progress percent="40" stroke-width="20"  border-radius="10"/>
18. <text>显示背景色为粉色</text>
19. <progress percent="60" color="pink" />
20. <text>显示已选择为红色、未选择为绿色</text>
21. <progress percent="60" activeColor="red"  backgroundColor="green"/>
22. <text>进度条从左往右的动画 </text>
23. <progress percent="80" active="{{true}}"/>
```

其次，在 index.wxss 文件中添加如下代码。

```
1. progress{
2.   margin: 10rpx;
3. }
```

运行结果如图 6-9 所示。

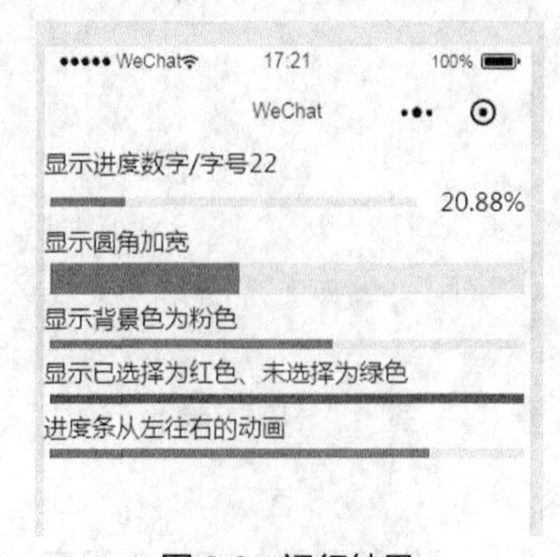

图 6-9 运行结果

6.3 表单组件

表单组件包括按钮组件、选择器组件、滚动选择器、输入框和标签组件等。

6.3.1　按钮组件

按钮组件的属性可参考微信官方文档中的小程序组件部分，示例如下。

首先，在 index.wxml 文件中添加如下代码。

```
1. <button class='btn1' open-type='openSetting'>
2.     <image class='btnImg' src='../../images/wechat.png'></image>
3.     <view>确定</view>
4.  </button>
```

其次，在 index.wxss 文件中添加如下代码。

```
1. .btn1 {
2.   width: 80%;
3.   margin-top: 20rpx;
4.   background-color: burlywood;
5.   color: white;
6.   border-radius: 98rpx;
7.   display: flex;
8.   flex-direction: row;
9.   align-items: center;
10.  justify-content: center;
11. }
12. .btnImg {
13.   margin-right: 8rpx;
14.   width: 46rpx;
15.   height: 46rpx;
16. }
17. .btn1::after {
18.   border-radius: 98rpx;
19.   border: 0;
20. }
```

运行结果如图 6-10 所示。

图 6-10　按钮运行结果

6.3.2 选择器组件

选择器组件 checkbox 与 HTML 中的 checkbox 标签相似，都是多选框，每个 checkbox-group 都可以放多个 checkbox，示例如下。

```
1.  <checkbox-group>
2.  <checkbox value="CHN" checked = "true" />中国
3.  <checkbox value="USA" />美国
4.  <checkbox value="ENG" />英国
5.  </checkbox-group>
```

运行结果如图 6-11 所示。

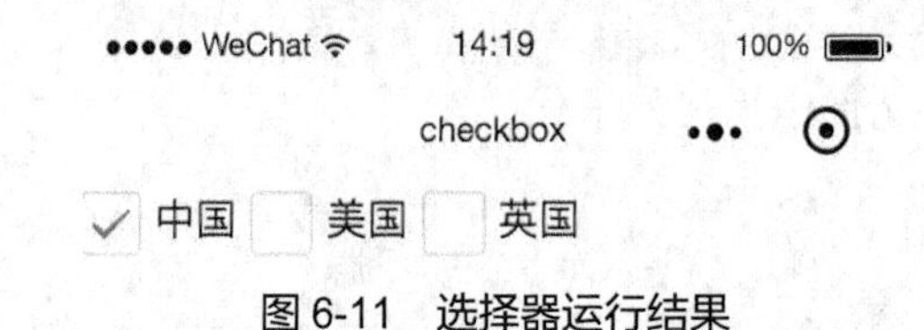

图 6-11 选择器运行结果

选择器常用属性见表 6-3。

表 6-3 选择器常用属性

属性名	类型	说明
bindchange	EventHandle	<checkbox-group/>中选中项发生改变时触发 change 事件，detail = {value:[选中的 checkbox 的 value 的数组]}
value	String	<checkbox/>标识，选中时触发<checkbox-group/>的 change 事件，并携带<checkbox/>的 value
disabled	Boolean	是否禁用
checked	Boolean	当前是否选中，可用来设置默认选中

6.3.3 滚动选择器

滚动选择器支持 5 种选择器，通过 mode 来区分：

- 普通选择器 mode = selector（默认为普通）；
- 多列选择器 mode = multiSelector（最低版本：1.4.0）；
- 时间选择器 mode = time；
- 日期选择器 mode = date；
- 地区选择器 mode = region（最低版本：1.4.0）。

（1）普通选择器，如图 6-12 所示。

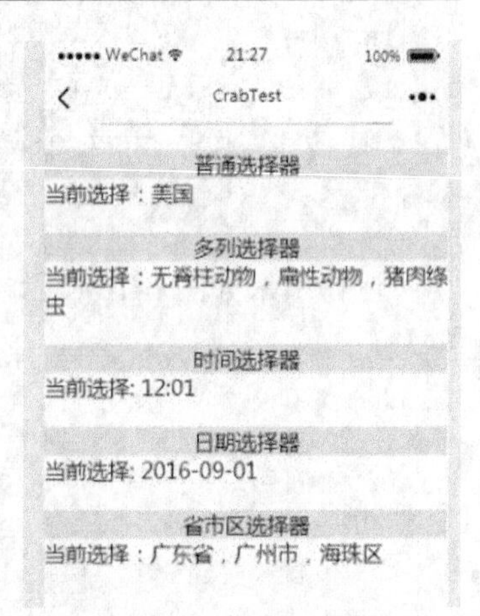

图 6-12 普通选择器

在图 6-12 中，单击普通选择器下面的区域，初始值为“美国”，选择变化后，当前选择区域更新。

wxml 文件中代码如下所示。

```
1.  <view class="section">
2.    <view class="section_title">普通选择器</view>
```

```
3.     <picker bindchange="bindPickerChange" value="{{index}}" range="{{array}}">
4.       <view class="picker">
5.         当前选择：{{array[index]}}
6.       </view>
7.     </picker>
8.   </view>
```

相关的 js 文件中代码如下所示。

```
1.  Page({
2.    data: {
3.      array: ['美国', '中国', '巴西', '日本'],
4.      index: 0,
5.    },
6.    bindPickerChange: function (e) {
7.      console.log('picker 发送选择改变，携带值为', e.detail.value)
8.      this.setData({
9.        index: e.detail.value
10.     })
11.   }
12. })
```

（2）多列选择器，如图 6-13 所示。

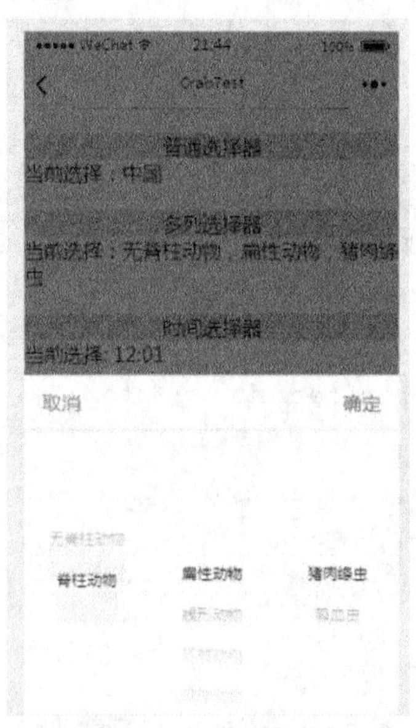

图 6-13　多列选择器

选择第一列时第二列值更新，选择第二列值时第三列值相应更新。

wxml 文件中代码如下。

```
1.  <view class="section">
2.    <view class="section__title">多列选择器</view>
```

```
3.    <picker mode="multiSelector" bindchange="bindMultiPickerChange"
      bindcolumnchange="bindMultiPickerColumnChange" value="{{multiIndex}}"
      range="{{multiArray}}">
4.      <view class="picker">
5.        当前选择：{{multiArray[0][multiIndex[0]]}}，{{multiArray[1]
          [multiIndex[1]]}}，{{multiArray[2][multiIndex[2]]}}
6.      </view>
7.    </picker>
8.  </view>
```

js 文件中多列选择器相关代码如下。

```
1.  Page({
2.    data: {
3.      array: ['美国', '中国', '巴西', '日本'],
4.      multiArray: [['无脊柱动物', '脊柱动物'], ['扁性动物', '线形动物', '环节
        动物', '软体动物', '节肢动物'], ['猪肉绦虫', '吸血虫']],
5.      multiIndex: [0, 0, 0],
6.    },
7.
8.    bindMultiPickerChange: function (e) {
9.      console.log('picker 发送选择改变，携带值为', e.detail.value)
10.     this.setData({
11.       multiIndex: e.detail.value
12.     })
13.   },
14.   bindMultiPickerColumnChange: function (e) {
15.     console.log('修改的列为', e.detail.column, '，值为', e.detail.value);
16.     var data = {
17.       multiArray: this.data.multiArray,
18.       multiIndex: this.data.multiIndex
19.     };
20.     data.multiIndex[e.detail.column] = e.detail.value;
21.     switch (e.detail.column) {
22.       case 0:
23.         switch (data.multiIndex[0]) {
24.           case 0:
25.             data.multiArray[1] = ['扁性动物', '线形动物', '环节动物', '软
                体动物', '节肢动物'];
26.             data.multiArray[2] = ['猪肉绦虫', '吸血虫'];
27.             break;
28.           ……
29.     }
```

```
30.     this.setData(data);
31.   }
32. })
```

（3）时间选择器，如图 6-14 所示。

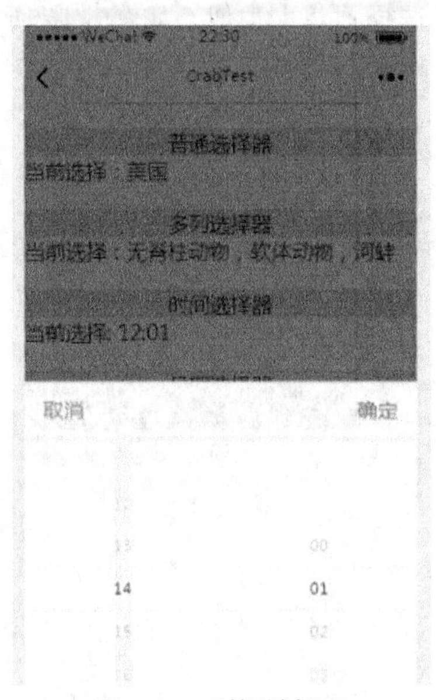

图 6-14　时间选择器

时间选择器与多列选择器类似，但只需开发者指定开始时间与结束时间，微信自动填充待选择队列。在用户选中 start 之前与 end 之后的时间，选择器会自动回滚到允许值，wxml 文件中代码如下所示。

```
1.  <view class="section">
2.    <view class="section__title">时间选择器</view>
3.    <picker mode="time" value="{{time}}" start="09:01" end="21:01"
    bindchange="bindTimeChange">
4.      <view class="picker">
5.        当前选择：{{time}}
6.      </view>
7.    </picker>
8.  </view>
```

js 文件中时间选择器代码如下所示。

```
1.  Page({
2.    data: {
3.      time: '12:01',
4.    },
5.      bindTimeChange: function (e) {
6.      console.log('picker 发送选择改变，携带值为', e.detail.value)
7.      this.setData({
```

```
8.          time: e.detail.value
9.        })
10.     },
11. })
```

（4）日期选择器，与时间选择器基本类似，如图 6-15 所示。

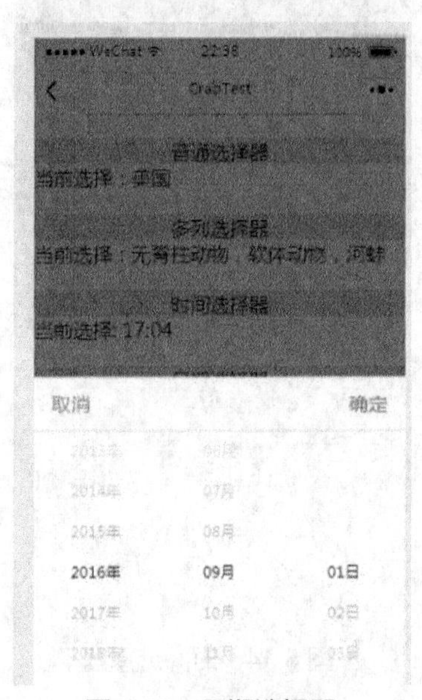

图 6-15　日期选择器

wxml 文件中代码如下所示。

```
1.  <view class="section">
2.    <view class="section__title">日期选择器</view>
3.    <picker mode="date" value="{{date}}" start="2015-09-01" end="2017-
      12-01" bindchange="bindDateChange">
4.      <view class="picker">
5.        当前选择：{{date}}
6.      </view>
7.    </picker>
8.  </view>
```

js 文件中代码如下所示。

```
1.  Page({
2.    data: {
3.      date: '2016-09-01',
4.    },
5.       bindDateChange: function (e) {
6.      console.log('picker 发送选择改变，携带值为', e.detail.value)
7.      this.setData({
8.        date: e.detail.value
```

```
9.       })
10.    },
11.  })
```

（5）地区选择器，这个比较常用，如图 6-16 所示。

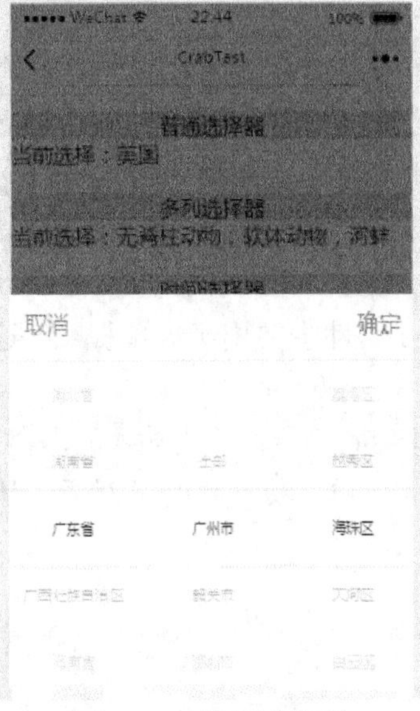

图 6-16　地区选择器

wxml 文件中代码如下所示。

```
1.  <view class="section">
2.    <view class="section__title">地区选择器</view>
3.    <picker mode="region" bindchange="bindRegionChange" value="{{region}}"
    custom-item="{{customItem}}">
4.      <view class="picker">
5.        当前选择：{{region[0]}}，{{region[1]}}，{{region[2]}}
6.      </view>
7.    </picker>
8.  </view>
```

js 文件中代码如下所示。

```
1.  Page({
2.    data: {
3.      region: ['广东省', '广州市', '海珠区'],
4.      customItem: '全部'
5.    },
6.      bindRegionChange: function (e) {
7.      console.log('picker 发送选择改变，携带值为', e.detail.value)
8.      this.setData({
9.        region: e.detail.value
```

```
10.     })
11.   }
12. })
```

6.3.4 输入框

小程序的输入框主要有单行输入框 input 和多行输入框 textarea，这两个控件看似比较简单，但使用时很容易出现各种问题，如输入时光标跳转等，需要注意避免这些问题。

input 和 textarea 比较常用的属性有 placeholder、placeholder-class、bindinput、bindblur、value、name 等。placeholder 是指未输入时显示的提示文案；placeholder-class 则是 placeholder 的样式，可在 wxss 里面定义；bindinput 是输入时的回调方法；bindblur 是输入完成后失去焦点时的回调方法；value 是输入框里面的文案，主要在输入框有初始值的时候使用，也往往是引起各种问题的原因；name 属性主要用于表单提交。这里以输入单行标题和多行内容为例进行说明。

在 js 文件的 data 里定义一个字符串字段作为输入的内容，在输入时的回调方法 bindinput 中改变 data 里相应的字段，然后在单击按钮提交的时候使用该字符串作为输入的内容。代码示例如下。

wxml 文件中代码如下。

```
1.  <form report-submit="true" bindsubmit="save">
2.    <view class="info">
3.      <view class="info-item first title">
4.        <view class="label">标题</view>
5.        <input type="text" placeholder="请输入标题" placeholder-class=
          "placeholder" bindinput="inputTitle" name="title" value="{{title}}" />
6.        <icon class="clear" type="clear" size="15" wx:if="{{!titleEmpty}}"
          catchtap="clearTitle" />
7.      </view>
8.      <view class="info-item content">
9.        <view class="label">内容</view>
10.       <textarea placeholder="请输入内容" placeholder-class="placeholder"
          bindinput="inputContent" name="content" value="{{content}}"
          maxlength="-1" auto-height="true" />
11.       <icon class="clear" type="clear" size="15" wx:if="{{!contentEmpty}}"
          catchtap="clearContent" />
12.     </view>
13.   </view>
14.   <button class="button" form-type="submit">保存</button>
15. </form>
```

js 文件中代码如下。

```
1.  Page({
2.    data: {
```

```
3.      title: '',
4.      content: ''
5.    },
6.    inputTitle: function (e) {
7.      this.setData({
8.        title: e.detail.value
9.      })
10.   },
11.   inputContent: function (e) {
12.     this.setData({
13.       content: e.detail.value
14.     })
15.   },
16.   save: function (e) {
17.     var title = this.data.title;
18.     var content = this.data.content;
19.     // 提交请求
20.     }
21. })
```

显示结果如图 6-17 所示。

图 6-17　输入框显示结果

6.3.5　标签组件

MinUI 是基于微信小程序自定义组件特性开发而成的一套简洁、易用、高效的组件库，适用场景广，覆盖小程序原生框架、各种小程序组件主流框架等，并且提供了高效的命令行工具。MinUI 组件库包含很多基础的组件，其中 label 标签组件是一个很常用的基础元件。

下面介绍 label 组件的使用方法。

（1）用下列命令安装 Min-Cli，如已安装，请进入下一步。

```
1.  npm install -g @mindev/min-cli
```

（2）初始化一个小程序项目，代码如下。

```
1.  min init my-project
```

选择“新建小程序”选项，即可初始化一个小程序项目。创建项目后，在编辑器中打开项目，src 目录为源码目录，dist 目录为编译后在微信开发者工具中指定的目录。新建的项目中已有一个 home 页面。

（3）安装 label 组件。

进入刚才新建的小程序项目的目录中，代码如下。

```
1.  cd my-project
```

安装组件，代码如下。

```
1.  min install @minui/wxc-label
```

（4）开启 dev，代码如下。

```
1.  min dev
```

开启 dev 之后，源码修改后都会重新编译。

（5）在页面中引入组件。

在编辑器中打开 src/pages 目录下的 home/index.wxp 文件，在 script 中添加 config 字段，配置小程序自定义组件字段，代码如下。

```
1.  export default {
2.      config: {
3.          "usingComponents": {
4.              'wxc-label': "@minui/wxc-label"
5.          }
6.      }
7.  }
```

wxc-label 即为头像组件的标签名，可以在 wxml 中使用。

（6）在 wxml 文件中使用 wxc-label 标签。

在 home/index.wxp 文件的 template 中添加 wxc-label 标签，代码如下。

```
1.  <wxc-label text="双 11 价"></wxc-label>
```

（7）打开微信开发者工具，指定 dist 目录，预览项目。

home/index.wxp 文件的代码如下所示。

```
1.  <!-- home/index.wxp -->
2.  <template>
3.    <wxc-label class="label" text="双 11 价"></wxc-label>
4.    <wxc-label class="label" text="限时折扣"></wxc-label>
5.  </template>
6.
7.  <script>
8.  export default {
9.    config: {
10.     usingComponents: {
11.       'wxc-label': '@minui/wxc-label',
12.       'wxc-icon': '@minui/wxc-icon'
```

```
13.     }
14.   },
15.   data: {}
16. }
17. </script>
18.
19. <style>
20.   .label {
21.     margin-right: 20rpx;
22.   }
23. </style>
```

显示结果如图 6-18 所示。

图 6-18 标签组件显示结果

6.4 导航组件

微信小程序导航可以在页面中设置，可以使用导航页面链接组件，也可以在 js 里设置导航进行页面跳转，同时可以设置导航条标题和显示动画效果。

6.4.1 页面导航

导航页面链接组件是在 wxml 页面中通过 url 跳转的导航组件，它有 3 种类型。第一种是保留当前页面跳转，跳转后可以返回当前页，它与 wx.navigatorTo 跳转效果是一样的；第二种是关闭当前页跳转，无法返回当前页，它与 wx.reditrctTo 跳转效果一样；第三种是跳转到底部标签导航的指定页面，它与 wx.switchTab 跳转效果一样。示例代码如下。

在 index.wxml 文件中的代码如下。

```
1.  <!-- sample.wxml -->
2.  <view class="btn-area">
3.    <navigator url="/navigate/navigate?title=navigate" hover-class=
      "navigator-hover">跳转到新页面</navigator>
4.    <navigator url="../redirect/redirect?title=redirect" open-type=
      "redirect" hover-class="other-navigator-hover">在当前页打开</navigator>
5.    <!-- <navigator url="/index/index" open-type="switchTab" hover-
```

```
    class="other-navigator-hover">切换 Tab</navigator> -->
6.  </view>
```

在 index.wxss 文件中的代码如下。

```
1.  @import '../lib/weui.wxss'
2.  /** wxss **/
3.  /** 修改默认的 navigator 点击态 **/
4.  .navigator-hover {
5.      color:blue;
6.  }
7.  /** 自定义其他点击态样式类 **/
8.  .other-navigator-hover {
9.      color:red;
10. }
```

运行结果如图 6-19 所示。

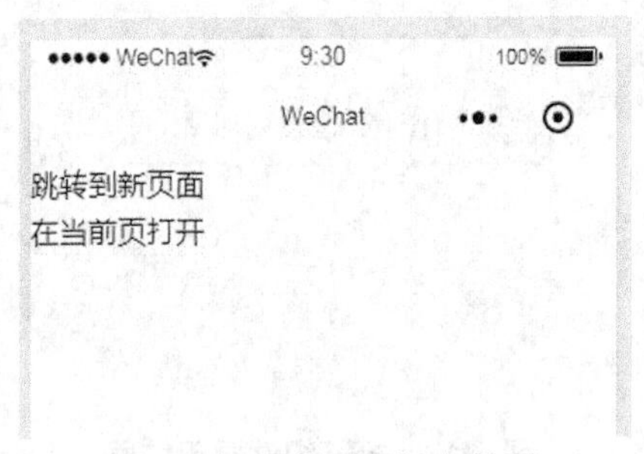

图 6-19 导航页面运行结果

6.4.2 自定义组件导航

从小程序基础库 1.6.3 版本开始，小程序就支持简洁的组件化编程。所有自定义组件相关特性都需要基础库 1.6.3 或更高版本。

开发者可以将页面内的功能模块抽象成自定义组件，以便在不同的页面中重复使用；也可以将复杂的页面拆分成多个低耦合的模块，有助于代码维护。自定义组件在使用时与基础组件非常相似。

1. 创建自定义组件

类似于页面，一个自定义组件由 json、wxml、wxss、js 4 个文件组成。要编写一个自定义组件，首先需要在 json 文件中进行自定义组件声明（将 component 字段设为 true 可将这一组文件设为自定义组件），代码如下。

```
1.  {
2.    "component": true
3.  }
```

同时，还要在 wxml 文件中编写组件模板，在 wxss 文件中加入组件样式，它们的写法与页面的写法类似，具体细节和注意事项参见组件模板和样式。

代码示例如下。

```
1.  <!-- 这是自定义组件的内部 WXML 结构 -->
2.  <view class="inner">{{innerText}}</view>
3.  <slot></slot>
4.  /* 这里的样式只应用于这个自定义组件 */
5.  .inner {
6.    color: red;
7.  }
```

注意：在组件 wxss 中不应使用 ID 选择器、属性选择器和标签名选择器。

在自定义组件的 js 文件中，需要使用 Component 来注册组件，并提供组件的属性定义、内部数据和自定义方法。

组件的属性值和内部数据将被用于组件 wxml 的渲染，其中，属性值是可以从组件外部传入的。更多细节参见 Component 构造器。

代码示例如下。

```
1.  Component({
2.    properties: {
3.      // 这里定义了 innerText 属性，属性值可以在组件使用时指定
4.      innerText: {
5.        type: String,
6.        value: 'default value',
7.      }
8.    },
9.    data: {
10.     // 这里是一些组件内部数据
11.     someData: {}
12.   },
13.   methods: {
14.     // 这里是一个自定义方法
15.     customMethod() {}
16.   }
17. })
```

2. 使用自定义组件

使用已注册的自定义组件前，首先要在页面的 json 文件中进行引用声明。此时需要提供每个自定义组件的标签名和对应的自定义组件文件路径，代码如下。

```
1.  {
2.    "usingComponents": {
3.      "component-tag-name": "path/to/the/custom/component"
4.    }
5.  }
```

这样，在页面的 wxml 中就可以像使用基础组件一样使用自定义组件。节点名即自定

义组件的标签名，节点属性即传递给组件的属性值。

开发者工具 1.02.1810190 及以上版本支持在 app.json 中声明 usingComponents 字段，在此处声明的自定义组件视为全局自定义组件，从而可以在小程序内的页面或自定义组件中直接使用而无须再声明。

代码示例如下。

```
1.  <view>
2.    <!-- 以下是对一个自定义组件的引用 -->
3.    <component-tag-name inner-text="Some text"></component-tag-name>
4.  </view>
```

自定义组件的 wxml 节点结构在与数据结合之后，将被插入引用位置。

运行结果如图 6-20 所示。

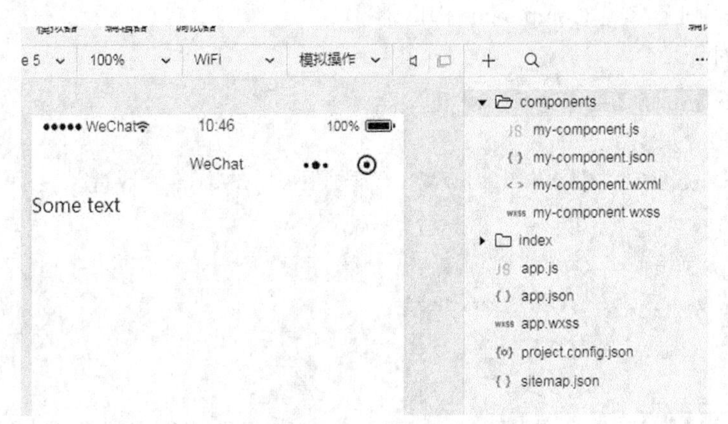

图 6-20　自定义组件运行结果

也可使用 GitHub 的 demo 源码，来实现自定义组件导航。

首先在 mini-app-pratice 的网址中下载 mini-app-pratice 包。下载完后，打开微信开发工具，导入这个项目包，如图 6-21 所示。

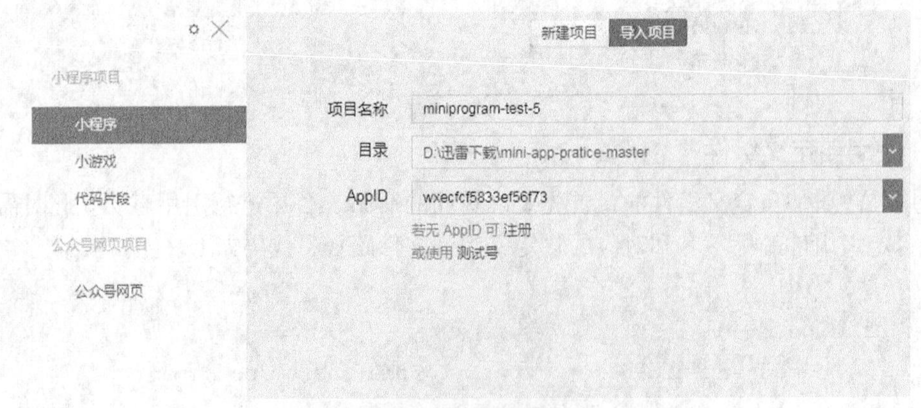

图 6-21　导入项目

导入后运行，显示结果如图 6-22 所示。

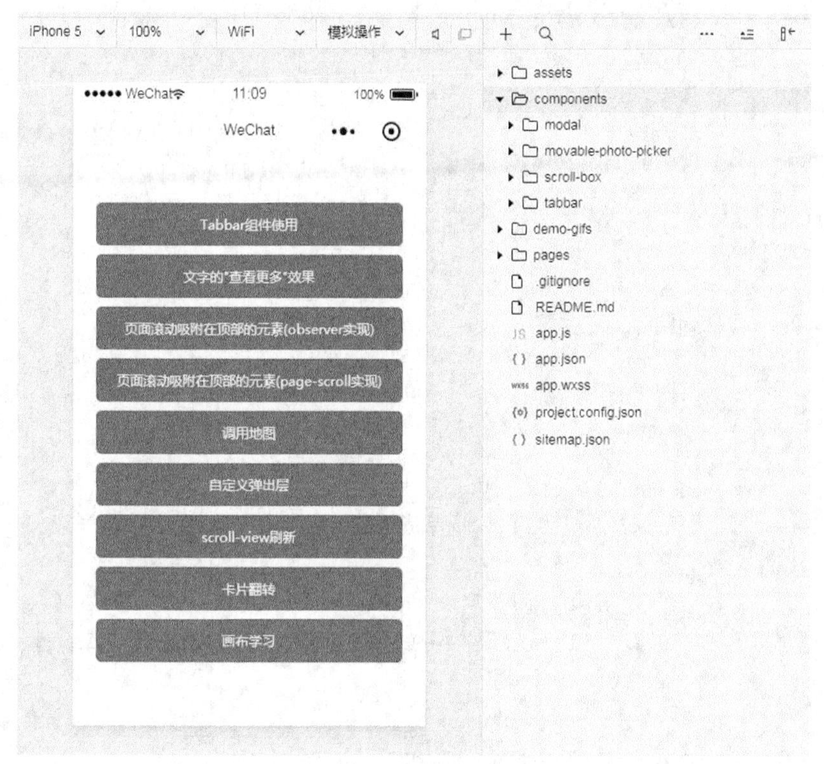

图 6-22　mini-app-pratice 项目运行结果

6.5 媒体组件

媒体组件分为 3 大类：图片组件、音频组件和视频组件。

6.5.1　图片组件

图片组件 image 是程序不可缺少的组件，可以这样说，一个程序中 image 组件随处可以看到。一般 image 有两种加载方式，第一种是网络图片，第二种是本地图片资源，都用 src 属性去指定。

图片支持 JPG、PNG、SVG 格式，版本号 2.3.0 起支持云文件 ID。示例如下。

在 wxml 文件中代码如下。

```
1.  <view class="page">
2.    <view class="page__hd">
3.      <text class="page__title">image</text>
4.      <text class="page__desc">图片</text>
5.    </view>
6.    <view class="page__bd">
7.      <view class="section section_gap" wx:for="{{array}}" wx:for-item="item">
8.        <view class="section__title">{{item.text}}</view>
9.        <view class="section__ctn">
10.         <image
```

```
11.            style="width: 200px; height: 200px; background-color: #eeeeee;"
12.            mode="{{item.mode}}"
13.            src="{{src}}"
14.          ></image>
15.        </view>
16.      </view>
17.    </view>
18. </view>
```

在 js 文件中代码如下。

```
1.  Page({
2.    data: {
3.      array: [{
4.         mode: 'scaleToFill',
5.         text: 'scaleToFill：不保持纵横比缩放图片，使图片完全适应'
6.      }, {
7.         mode: 'aspectFit',
8.         text: 'aspectFit：保持纵横比缩放图片，使图片的长边能完全显示出来'
9.      },
10.     …
11.   imageError(e) {
12.     console.log('image3 发生 error 事件，携带值为', e.detail.errMsg)
13.   }
14. })
```

运行结果如图 6-23 所示。

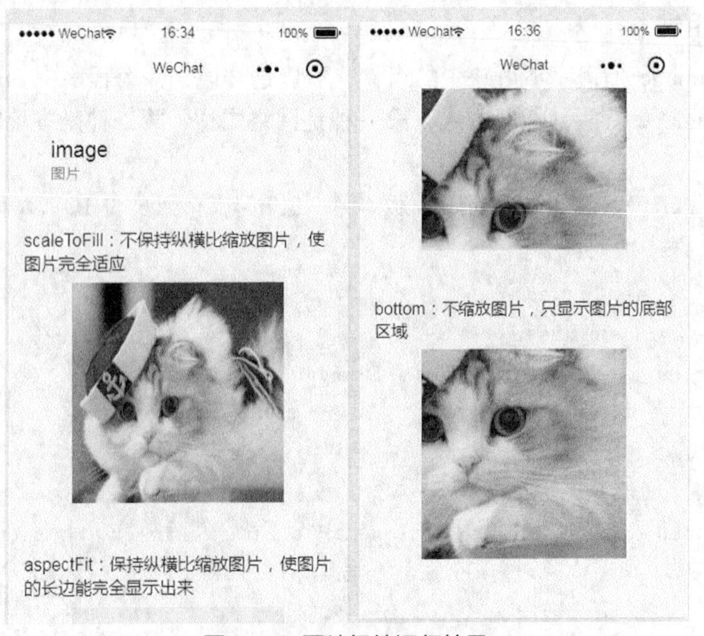

图 6-23　图片组件运行结果

6.5.2 音频组件

audio 是微信小程序中的音频组件，它可以轻松实现小程序中播放/停止音频等自定义动作，它的相关属性说明见微信官方文档的小程序媒体组件部分。

本书将通过小程序 audio 的 poster、name、author、src、id、controls 属性，以及相关 API（wx.createAudioContext），制作一个简单的音频播放控制页面。

（1）打开微信开发者工具，创建小程序项目，选择新建的空白文件夹即可，工具为自动生成的小程序必要文件。接着在 pages 下创建一个文件夹，命名为 audio，如图 6-24 所示。

图 6-24 创建名为 audio 的文件夹

（2）接着打开 app.json，添加"pages/audio/audio"，写入该页面路径，确保能够访问。写入之后，audio 文件会生成 js、json、wxml 等空白配置文件，如图 6-25 所示。

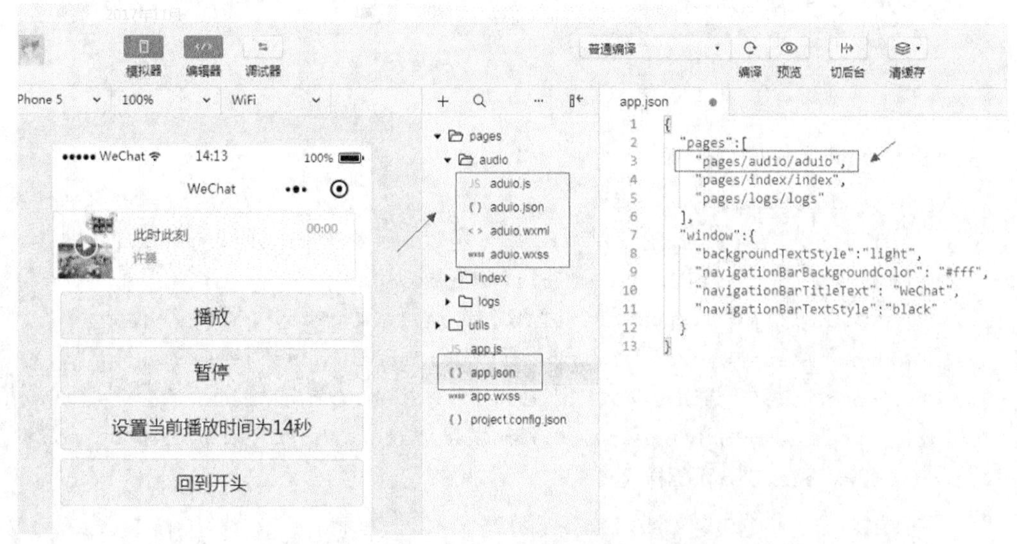

图 6-25 添加"pages/audio/audio"

（3）在 audio.js 文件中代码如下。

```
1.  // audio.js
2.  Page({
3.    data: {
4.      poster: 'http://y.gtimg.cn/music/photo_new/T002R300x300M000003rs
        KF44GyaSk.jpg?max_age=2592000',
5.      name: '此时此刻',
6.      author: '许巍',
7.      src: 'http://ws.stream.qqmusic.qq.com/M500001VfvsJ21xFqb.mp3?gui
        d=ffffffff82def4af4b12b3cd9337d5e7&uin=346897220&vkey=6292F51E1E
        384E06DCBDC9AB7C49FD713D632D313AC4858BACB8DDD29067D3C601481D36E6
        2053BF8DFEAF74C0A5CCFADD6471160CAF3E6A&fromtag=46',
8.    },
9.    onReady: function (e) {
10.     // 使用 wx.createAudioContext 获取 audio 上下文 context
11.     this.audioCtx = wx.createAudioContext('myAudio')
12.   },
13.   audioPlay: function () {
14.     this.audioCtx.play()
15.   },
16.   audioPause: function () {
17.     this.audioCtx.pause()
18.   },
19.   audio14: function () {
20.     this.audioCtx.seek(14)
21.   },
22.   audioStart: function () {
23.     this.audioCtx.seek(0)
24.   }
25. })
```

在 audio.wxml 文件中代码如下。

```
1.  <!-- audio.wxml -->
2.  <audio poster="{{poster}}" name="{{name}}" author="{{author}}" src=
    "{{src}}" id="myAudio" controls></audio>
3.   <button class="button-style" bindtap="audioPlay">播放</button>
4.  <button class="button-style" bindtap="audioPause">暂停</button>
5.  <button class="button-style" bindtap="audio14">设置当前播放时间为 14 秒</button>
6.  <button class="button-style" bindtap="audioStart">回到开头</button>
7.  audio.wxss(audio 页面样式文件)
8.  /* pages/audio/aduio.wxss */
9.  .button-style{
```

```
10.        background-color: #eee;
11.        border-radius: 8rpx;
12.        margin: 20rpx;
13. }
```

在 audio.wxss 文件中（audio 页面样式文件）代码如下。

```
1.  /* pages/audio/aduio.wxss */
2.  .button-style{
3.       background-color: #eee;
4.       border-radius: 8rpx;
5.       margin: 20rpx;
```

运行结果如图 6-26 所示。

图 6-26　音频运行结果

6.5.3　视频组件

视频组件 video 控件是微信小程序提供的系统组件之一，用于实现播放视频的功能。它的相关属性见微信官方文档的小程序媒体组件部分。另外，它的标签宽度为 300px、高度为 225px，设置宽高需要通过 wxss 设置 width 和 height。具体示例如下。

在 index.wxml 文件中代码如下。

```
1.  <view class="section tc">
2.    <video src="{{src}}" controls></video>
3.    <view class="btn-area">
4.      <button bindtap="bindButtonTap">获取视频</button>
5.    </view>
6.  </view>
7.  <view class="section tc">
8.    <video
9.      id="myVideo"
10. src="http://wxsnsdy.tc.qq.com/105/20210/snsdyvideodownload?filekey=
    30280201010421301f0201690402534804102ca905ce620b1241b726bc41dcff44e00
```

```
     204012882540400&bizid=1023&hy=SH&fileparam=302c020101042530230204136f
     fd93020457e3c4ff02024ef202031e8d7f02030f42400204045a320a0201000400"
11.        danmu-list="{{danmuList}}"
12.        enable-danmu
13.        danmu-btn
14.        controls
15.     ></video>
16.     <view class="btn-area">
17.        <button bindtap="bindButtonTap">获取视频</button>
18.        <input bindblur="bindInputBlur" />
19.        <button bindtap="bindSendDanmu">发送弹幕</button>
20.     </view>
21. </view>
```

需要注意的是，上述代码中 src="..."为所播放的视频 IP 地址，可自行设定。

运行结果如图 6-27 所示。

图 6-27　视频组件运行结果

6.6 地图与画布

地图和画布是小程序的两个重要的组件，掌握好这两个组件的使用具有重要的意义。

6.6.1 地图组件

小程序内地图组件可通过 layer-style（地图官网设置的样式编号）属性选择不同的底图风格。组件属性的长度单位默认为 px，2.4.0 起支持传入单位（rpx/px）。另外，属性具体说明可参考微信官方文档的小程序地图组件部分。示例如下。

在map.wxml文件中代码如下。

```
1.  <!-- map.wxml -->
2.  <map
3.    id="map"
4.    longitude="113.324520"
5.    latitude="23.099994"
6.    scale="14"
7.    controls="{{controls}}"
8.    bindcontroltap="controltap"
9.    markers="{{markers}}"
10.   bindmarkertap="markertap"
11.   polyline="{{polyline}}"
12.   bindregionchange="regionchange"
13.   show-location
14.   style="width: 100%; height: 300px;"
15. ></map>
```

在map.js文件中的代码如下。

```
1.  // map.js
2.  Page({
3.    data: {
4.      markers: [{
5.        iconPath: '/resources/others.png',
6.        id: 0,
7.        latitude: 23.099994,
8.        longitude: 113.324520,
9.        width: 50,
10.       height: 50
11.     }],
12.     polyline: [{
13.       points: [{
14.         longitude: 113.3245211,
15.         latitude: 23.10229
16.       }, {
17.         longitude: 113.324520,
18.         latitude: 23.21229
19.       }],
20.       color: '#FF0000DD',
21.       width: 2,
22.       dottedLine: true
23.     }],
24.     controls: [{
```

```
25.         id: 1,
26.         iconPath: '/resources/location.png',
27.         position: {
28.           left: 0,
29.           top: 300 - 50,
30.           width: 50,
31.           height: 50
32.         },
33.         clickable: true
34.       }]
35.     },
36.     regionchange(e) {
37.       console.log(e.type)
38.     },
39.     markertap(e) {
40.       console.log(e.markerId)
41.     },
42.     controltap(e) {
43.       console.log(e.controlId)
44.     }
45. })
```

运行结果如图 6-28 所示。

图 6-28　地图组件运行结果

6.6.2 画布组件

画布组件 canvas 标签默认宽度为 300px、高度为 150px。另外，同一页面中的 canvas-id 不可重复，如果使用一个已经出现过的 canvas-id，则该 canvas 标签对应的画布将被隐藏并不再正常工作。要注意原生组件使用限制，使用限制可参考微信官方文档的小程序画布组件部分。这里画布组件当前暂不支持存在多个 WebGL 实例，同时要避免设置过大的宽高，否则在安卓系统中会有程序崩溃的问题。

这里在画布组件中绘制一个方框，示例如下。

在 wxml 文件中代码如下。

```
1.  <canvas binderror="canvasIdErrorCallback" bindtouchend="EventHandle"
    bindtouchstart="EventHandleStart" canvas-id="myCanvas" class="myCanvas"
    disable_scroll=""></canvas>
```

disable_scroll 属性可以禁止画布在移动且有手势事件时的屏幕滚动及下拉刷新。

在 wxss 文件中代码如下。

```
1.  .myCanvas{
2.    border: 1px solid; //边框
3.  }
```

运行结果如图 6-29 所示。

图 6-29 运行结果

6.7 自定义组件

小程序的界面是由一系列组件构成的。小程序基础库提供了一组基础组件来满足开发者的基本需求。但随着小程序开发变得越来越复杂，单纯使用基础组件来进行开发也变得越来越不方便。例如，较为复杂的小程序中常常会有一些通用的交互模块，如“下拉选择列表”“搜索框”“日期选择器”等，这些界面交互模块可能会在多个页面中用到，逻辑也相对独立。然而，用传统的小程序开发方法来实现这样的模块是非常烦琐的。

面对这个情况，小程序基础库提供了让开发者自己创建界面组件的特性，称为“自定义组件”。通过这个特性，开发者就能够将上述交互模块抽象成界面组件，使界面代码组织变得非常灵活。

6.7.1 组件模板与样式

类似于页面，自定义组件拥有自己的 wxml 模板和 wxss 样式。

1. 组件模板

组件模板的写法与页面模板相同，它与组件数据结合后生成的节点树，将被插入到组件的引用位置上。

在组件模板中，自定义组件可以提供一个<slot>节点，用于承载组件引用时，自定义组件提供的子节点。示例如下。

```
1.  <!-- 组件模板 -->
2.  <view class="wrapper">
3.    <view>这里是组件的内部节点</view>
4.    <slot></slot>
5.  </view>
6.  <!-- 引用组件的页面模板 -->
7.  <view>
8.    <component-tag-name>
9.      <!-- 这部分内容将被放置在组件 <slot> 的位置上 -->
10.     <view>这里是插入到组件 slot 中的内容</view>
11.   </component-tag-name>
12. </view>
```

运行结果如图 6-30 所示。

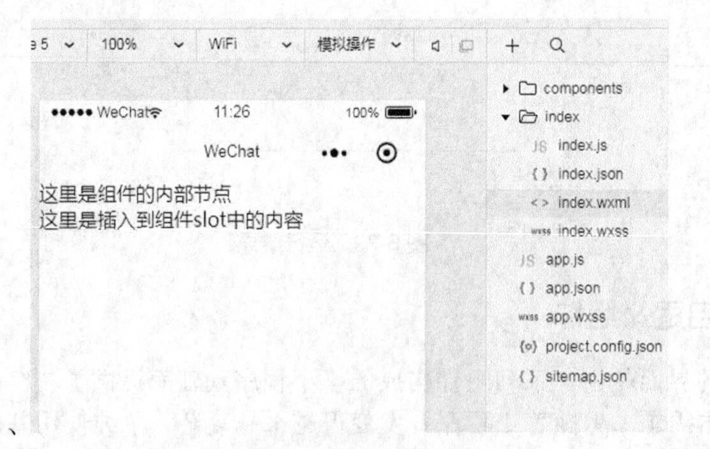

图 6-30 运行结果

注意，在模板中引用到的自定义组件及其对应的节点名需要在 json 文件中显式定义，否则会被当作一个无意义的节点。除此以外，节点名也可以被声明为抽象节点。

2. 组件样式

组件对应 wxss 文件的样式，只对组件 wxml 内的节点生效。编写组件样式时，需要注意以下几点。

（1）组件和引用组件的页面不能使用 id 选择器（#a）、属性选择器（[a]）和标签名选择器，请改用 class 选择器。

（2）组件和引用组件的页面使用后代选择器（.a .b），在一些极端情况下会有非预期的表现，此时，请避免使用后代选择器。

（3）子元素选择器（.a>.b）只能用于 view 组件与其子节点之间，用于其他组件可能导致非预期的情况。

（4）继承样式，如 font、color，会从组件外继承到组件内。

（5）除继承样式外，app.wxss 中的样式、组件所在页面的样式对自定义组件无效（除非更改组件样式隔离选项）。

除此以外，组件可以使用:host 选择器（需要包含基础库 1.7.2 或更高版本的开发者工具支持）指定它所在节点的默认样式。代码如下。

在 wxss 文件中代码如下。

```
1.  /* 组件 custom-component.wxss */
2.  :host {
3.    color: yellow;
4.  }
```

在 wxml 文件中代码如下。

```
1.  <!-- 页面的 WXML -->
2.  <custom-component>这段文本是黄色的</custom-component>
```

运行结果如图 6-31 所示。

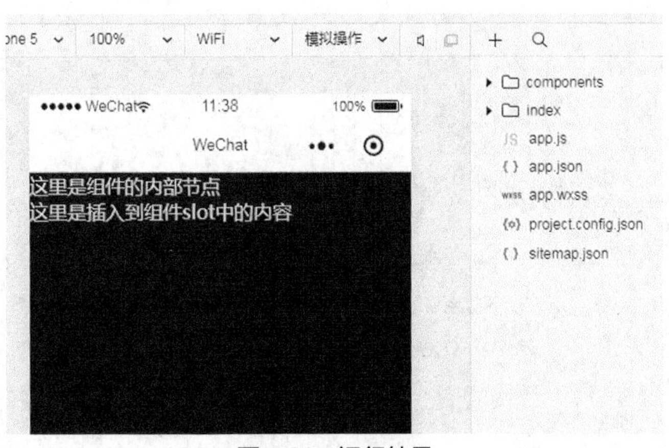

图 6-31　运行结果

6.7.2　Component 构造器

Component 构造器可用于定义组件，调用 Component 构造器时可以指定组件的属性、数据、方法等。详细的参数含义和使用方法请参考 Component 参考文档。示例代码如下。

```
1.  Component({
2.    behaviors: [],
```

```
3.    properties: {
4.      myProperty: { // 属性名
5.        type: String,
6.        value: ''
7.      },
8.      myProperty2: String // 简化的定义方式
9.    },
10.   data: {}, // 私有数据，可用于模板渲染
11.   lifetimes: {
12.      // 生命周期函数，可以为函数或一个在 methods 段中定义的方法
13.      attached: function () { },
14.      moved: function () { },
15.      detached: function () { },
16.   },
17.   // 生命周期函数，可以为函数，或一个在 methods 段中定义的方法
18.   attached: function () { }, // 此处 attached 的声明会被 lifetimes 字段中的
      声明覆盖
19.   ready: function() { },
20.   pageLifetimes: {
21.     // 组件所在页面的生命周期函数
22.     show: function () { },
23.     hide: function () { },
24.     resize: function () { },
25.   },
26.   methods: {
27.     onMyButtonTap: function(){
28.       this.setData({
29.         // 更新属性和数据的方法与更新页面数据的方法类似
30.       })
31.     },
32.     // 内部方法建议以下划线开头
33.     _myPrivateMethod: function(){
34.       // 这里将 data.A[0].B 设为 'myPrivateData'
35.       this.setData({
36.         'A[0].B': 'myPrivateData'
37.       })
38.     },
39.     _propertyChange: function(newVal, oldVal) {
40.     }
41.   }
42. })
```

另外，可使用 Component 构造器构造页面。事实上，小程序的页面也可以视为自定义组件，因而，页面也可以使用 Component 构造器构造，从而拥有与普通组件一样的定义段与实例方法。但此时要求对应 json 文件中包含 usingComponents 定义段。

此时，组件的属性可以用于接收页面的参数，如访问页面/pages/index/index?paramA=123¶mB=xyz，如果声明有属性 paramA 或 paramB，则它们会被赋值为 123 或 xyz。

页面的生命周期方法（即 on 开头的方法），应写在 methods 定义段中。

代码示例如下。

```
1.  {
2.    "usingComponents": {}
3.  }
4.  Component({
5.    properties: {
6.      paramA: Number,
7.      paramB: String,
8.    },
9.    methods: {
10.     onLoad: function() {
11.       this.data.paramA // 页面参数 paramA 的值
12.       this.data.paramB // 页面参数 paramB 的值
13.     }
14.   }
15. })
```

运行结果如图 6-32 所示。

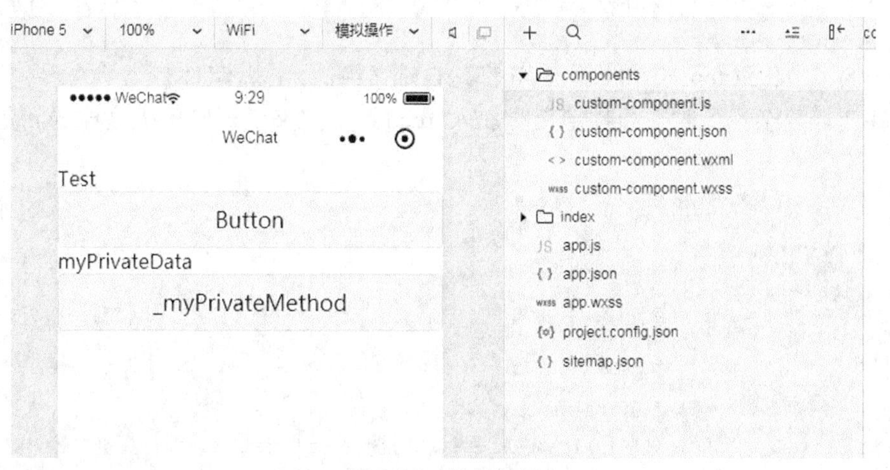

图 6-32　运行结果

6.7.3　组件事件与行为

首先要理解什么是事件，以下几方面可以解释什么是事件。

（1）事件是视图层到逻辑层的通信方式。

（2）事件可以将用户的行为反馈到逻辑层进行处理。

（3）事件可以绑定在组件上，当事件触发，就会执行逻辑层中对应的事件处理函数。

（4）事件对象可以携带额外信息，如 id、dataset、touches。

组件事件可理解为在组件中绑定一个事件处理函数，如 bindtap，当用户点击该组件的时候会在该页面对应的 Page 中找到相应的事件处理函数，代码如下。

```
1.  <view class='moto-container' bindtap='onTap'>
2.      <text class='moto'>开启小程序之旅</text>
3.  </view>
```

在相应的 Page 定义中写上相应的事件处理函数，参数是 event，代码如下。

```
1.  onTap:function(){
2.      //wx.navigateTo({//从父级页面跳转到子页面，只能有 5 级，上一级页面呈现隐藏状态
3.      //  url:"../newslist/newslist"
4.      //});
5.      wx.redirectTo({//跳转到另一个主页面，两个页面之间平行跳转，上一个页面呈现关闭状态
6.        url: '../newslist/newslist',
7.      })
8.      //console.log("onTap")
9.  },
```

6.7.4 组件间关系

定义和使用组件间关系有时需要实现具有父子关系的组件，如下所示。

```
1.  <custom-ul>
2.    <custom-li> item 1 </custom-li>
3.    <custom-li> item 2 </custom-li>
4.  </custom-ul>
```

这个例子中，custom-ul 和 custom-li 都是自定义组件，这些组件有父子关系，相互间的通信往往比较复杂。此时在组件定义时加入 relations 定义，可以解决这样的问题，示例如下。

```
1.  // path/to/custom-ul.js
2.  Component({
3.    relations: {
4.      './custom-li': {
5.         type: 'child', // 关联的目标节点应为子节点
6.         linked: function(target) {
7.             // 每次有 custom-li 被插入时执行，target 是该节点实例对象，触发在该节
                 点 attached 生命周期之后
8.         },
9.         linkChanged: function(target) {
10.            // 每次有 custom-li 被移动后执行，target 是该节点实例对象，触发在该节
                 点 moved 生命周期之后
```

```
11.         },
12.         unlinked: function(target) {
13.           // 每次有 custom-li 被移除时执行，target 是该节点实例对象，触发在该节
                 点 detached 生命周期之后
14.         }
15.       }
16.     },
17.     methods: {
18.       _getAllLi: function(){
19.         // 使用 getRelationNodes 可以获得 nodes 数组，包含所有已关联的 custom-li，
               且是有序的
20.         var nodes = this.getRelationNodes('path/to/custom-li')
21.       }
22.     },
23.     ready: function(){
24.       this._getAllLi()
25.     }
26. })
27. // path/to/custom-li.js
28. Component({
29.     relations: {
30.       './custom-ul': {
31.         type: 'parent', // 关联的目标节点应为父节点
32.         linked: function(target) {
33.           // 每次被插入到 custom-ul 时执行，target 是 custom-ul 节点实例对象，触
                 发在 attached 生命周期之后
34.         },
35.         linkChanged: function(target) {
36.           // 每次被移动后执行，target 是 custom-ul 节点实例对象，触发在 moved 生
                 命周期之后
37.         },
38.         unlinked: function(target) {
39.           // 每次被移除时执行，target 是 custom-ul 节点实例对象，触发在 detached
                 生命周期之后
40.         }
41.       }
42.     }
43. })
```

注意：必须在两个组件定义中都加入 relations 定义，否则组件间关系不会生效。上述代码运行结果如图 6-33 所示。

图 6-33 运行结果

有时，需要关联的是一类组件，代码如下。

```
1.  <custom-form>
2.    <view>
3.      input
4.      <custom-input></custom-input>
5.    </view>
6.    <custom-submit> submit </custom-submit>
7.  </custom-form>
8.  custom-form 组件想要关联 custom-input 和 custom-submit 两个组件。此时，这两
    个组件都有同一个 behavior:
9.  // path/to/custom-form-controls.js
10. module.exports = Behavior({
11.   // ...
12. })
13. // path/to/custom-input.js
14. var customFormControls = require('./custom-form-controls')
15. Component({
16.   behaviors: [customFormControls],
17.   relations: {
18.     './custom-form': {
19.       type: 'ancestor', // 关联的目标节点应为祖先节点
20.     }
21.   }
22. })
23. // path/to/custom-submit.js
24. var customFormControls = require('./custom-form-controls')
25. Component({
```

```
26.   behaviors: [customFormControls],
27.   relations: {
28.     './custom-form': {
29.       type: 'ancestor', // 关联的目标节点应为祖先节点
30.     }
31.   }
32. })
```

则在 relations 定义中，可使用这个 behaviors 来代替组件路径作为关联的目标节点，具体实现代码如下。

```
1.  // path/to/custom-form.js
2.  var customFormControls = require('./custom-form-controls')
3.  Component({
4.    relations: {
5.      'customFormControls': {
6.        type: 'descendant', // 关联的目标节点应为子孙节点
7.        target: customFormControls
8.      }
9.    }
10. })
```

代码运行结果如图 6-34 所示。

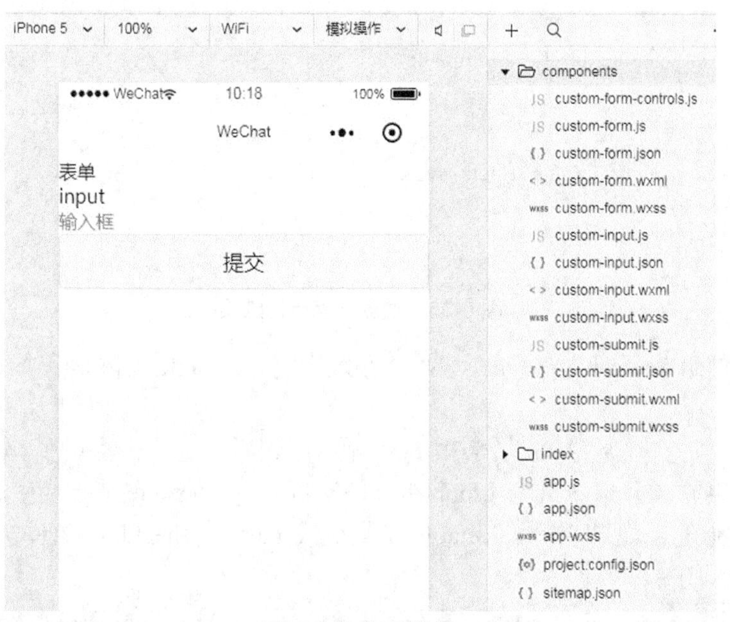

图 6-34　运行结果

6.7.5　抽象节点

有时，自定义组件模板中的一些节点，其对应的自定义组件不是由自定义组件本身确定的，而是自定义组件的调用者确定的。这时可以把这个节点声明为“抽象节点”。例如，

实现一个“选框组”（selectable-group）组件，其中可以放置单选框（custom-radio）或者复选框（custom-checkbox）。这个组件的 wxml 文件代码如下。

```
1.  <!-- selectable-group.wxml -->
2.  <view wx:for="{{labels}}">
3.    <label>
4.      <selectable disabled="{{false}}"></selectable>
5.      {{item}}
6.    </label>
7.  </view>
```

其中，selectable 不是任何在 json 文件的 usingComponents 字段中声明的组件，而是一个抽象节点。它需要在 componentGenerics 字段中声明，代码如下。

```
1.  {
2.    "componentGenerics": {
3.      "selectable": true
4.    }
5.  }
```

上述代码运行结果如图 6-35 所示。

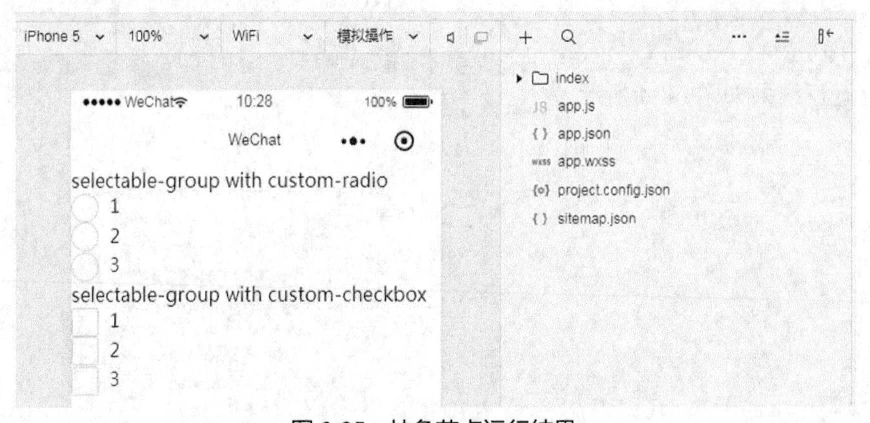

图 6-35　抽象节点运行结果

另外，在使用 selectable-group 组件时，必须指定 selectable 具体是哪个组件，示例代码如下。

```
1.  <selectable-group generic:selectable="custom-radio" />
```

这样，在生成这个 selectable-group 组件的实例时，selectable 节点会生成 custom-radio 组件实例。类似地，如果希望 selectable 节点生成 custom-checkbox 组件实例，具体实现代码如下。

```
1.  <selectable-group generic:selectable="custom-checkbox" />
```

注意：上述的 custom-radio 和 custom-checkbox 需要包含在这个 wxml 文件对应 json 文件的 usingComponents 定义段中，代码如下。

```
1.  {
2.    "usingComponents": {
```

```
3.        "custom-radio": "path/to/custom/radio",
4.        "custom-checkbox": "path/to/custom/checkbox"
5.      }
6.    }
```

另外，抽象节点可以指定一个默认组件，当具体组件未被指定时，将创建默认组件的实例。默认组件可以在 componentGenerics 字段中指定，代码如下。

```
1.  {
2.    "componentGenerics": {
3.      "selectable": {
4.        "default": "path/to/default/component"
5.      }
6.    }
7.  }
```

6.8 本章小结

本章重点介绍了微信小程序的组件，分别从视图容器、基础内容、表单组件、导航组件、媒体组件、地图与画布及自定义组件这几个方面深入详细地进行了讲解。通过本章的学习，读者应掌握小程序组件的基本用法，为后续的学习打下扎实的基础。

第 7 章 小程序 API

学习目标

- 了解小程序 API 的概念。
- 掌握小程序 API 的使用方法。
- 理解小程序 API 参数的使用。

微信小程序应用程序接口（Application Programming Interface，API）在微信小程序开发中扮演着重要的角色，基本上所有的小程序都要使用 API 来完成相应功能。微信小程序提供了丰富的微信原生 API，如获取用户信息、设备调用、支付功能等。同时微信小程序 API 也在不断地更新和完善中，在使用上会越来越方便快捷。本章以模块的形式划分常用的 API，分别介绍 API 的功能和使用方法。

7.1 网络 API

在微信小程序中，使用的网络 API 比较多，大部分的小程序都会向后台发送请求，也就避免不了发送网络 API 调用。网络 API 主要包括普通 HTTPS 请求（wx.request）、上传文件（wx.uploadFile）、下载文件（wx.downloadFile）和 WebSocket 通信（wx.connectSocket）等。

7.1.1 发起请求

发起请求 API 方法为 wx.request(Object object)，在微信小程序中可以通过此 API 方法发起 HTTPS 网络请求，需要注意的是同时只能有 5 个网络请求连接。

发起请求参数说明见表 7-1。

表 7-1 发起请求参数说明

属性	类型	默认值	必填	说明
url	string		是	开发者服务器接口地址
data	string/object /ArrayBuffer		否	请求的参数
header	Object		否	设置请求的 header，header 中不能设置 Referer。content-type 默认为 application/json

续表

属性	类型	默认值	必填	说明
method	string	GET	否	HTTP 请求方法
dataType	string	JSON	否	返回的数据格式
responseType	string	text	否	响应的数据类型
success	function		否	接口调用成功的回调函数
fail	function		否	接口调用失败的回调函数
complete	function		否	接口调用结束的回调函数

示例代码如下。

```
1.  wx.request({
2.    url: 'test.php', // 仅为示例，并非真实的接口地址
3.    data: {
4.      x: '',
5.      y: ''
6.    },
7.    header: {
8.      'content-type': 'application/json' // 默认值
9.    },
10.   success(res) {
11.     console.log(res.data)
12.   }
13. })
```

7.1.2 上传与下载

上传与下载也是微信小程序中经常使用的 API，上传和下载对应的 API 方法分别是 wx.uploadFile 和 wx.downloadFile，对应的监听任务分别是 UploadTask 和 DownloadTask，具体的使用方法如下。

1. 上传文件

上传文件对应的 API 方法为 UploadTask wx.uploadFile(Object object)，它的作用是将本地资源上传到服务器。客户端发起一个 HTTPS POST 请求，其中，content-type 为 multipart/form-data，UploadTask 是一个上传任务的对象。

上传文件参数说明见表 7-2。

表 7-2 上传文件参数说明

属性	类型	默认值	必填	说明
url	string		是	开发者服务器接口地址
filePath	string		是	要上传文件资源的路径

续表

属性	类型	默认值	必填	说明
name	string		是	文件对应的 key，开发者在服务端可以通过这个 key 获取文件的二进制内容
header	Object		否	HTTP 请求 Header，Header 中不能设置 Referer
formData	Object		否	HTTP 请求中其他额外的 form data
success	function		否	接口调用成功的回调函数
fail	function		否	接口调用失败的回调函数
complete	function		否	接口调用结束的回调函数

示例代码如下。

```
1.  wx.chooseImage({
2.    success (res) {
3.      const tempFilePaths = res.tempFilePaths
4.      wx.uploadFile({
5.        url: 'https://example.weixin.qq.com/upload',//仅为示例，非真实的接口地址
6.        filePath: tempFilePaths[0],
7.        name: 'file',
8.        formData: {
9.          'user': 'test'
10.       },
11.       success (res){
12.         const data = res.data
13.         //do something
14.       }
15.     })
16.   }
17. })
```

2. 上传任务 UploadTask

UploadTask 是一个可以监听上传进度变化事件，也是一个取消上传任务的对象。它包含的方法主要有以下方面。

（1）中断上传任务，方法为 UploadTask.abort()。

（2）监听上传进度变化事件，方法为 UploadTask.onProgressUpdate(function callback)。

（3）取消监听上传进度变化事件，方法为 UploadTask.offProgressUpdate(function callback)。

（4）监听 HTTP Response Header 事件，此事件会比请求完成事件更早，方法为 UploadTask.onHeadersReceived(function callback)。

（5）取消监听 HTTP Response Header 事件，对应于监听事件的取消操作，方法为

UploadTask.offHeadersReceived(function callback)。

示例代码如下。

```
1. const uploadTask = wx.uploadFile({
2.   url: 'http://example.weixin.qq.com/upload',//仅为示例，非真实的接口地址
3.   filePath: tempFilePaths[0],
4.   name: 'file',
5.   formData:{
6.     'user': 'test'
7.   },
8.   success (res){
9.     const data = res.data
10.     //do something
11.   }
12. })
13. uploadTask.onProgressUpdate((res) => {
14.   console.log('上传进度', res.progress)
15.   console.log('已经上传的数据长度', res.totalBytesSent)
16.   console.log('预期需要上传的数据总长度', res.totalBytesExpectedToSend)
17. })
18. uploadTask.abort() // 取消上传任务
```

3. 下载文件

下载文件具体的方法为 DownloadTask wx.downloadFile(Object object)，是将网络的文件资源下载到本地。由客户端直接发起一个 HTTPS GET 请求，返回下载后文件的本地临时路径，单次下载允许的最大文件为 50MB。同样 DownloadTask 是一个下载任务的对象。

需要注意的是，应在服务端响应的 header 中指定合理的 Content-Type 字段，以保证客户端正确处理文件类型。

下载文件参数说明见表 7-3。

表 7-3 下载文件参数说明

属性	类型	默认值	必填	说明
url	string		是	开发者服务器接口地址
header	Object		否	HTTP 请求 Header，Header 中不能设置 Referer
filePath	string		是	要下载文件资源的路径
success	function		否	接口调用成功的回调函数
fail	function		否	接口调用失败的回调函数
complete	function		否	接口调用结束的回调函数 （调用成功、失败都会执行）

示例代码如下。

```
1.  wx.downloadFile({
2.    url: 'https://example.com/audio/123', //仅为示例，并非真实的资源
3.    success (res) {
4.      // 只要服务器有响应数据，就会把响应内容写入文件并进入 success 回调，业务需要
        自行判断是否下载到了想要的内容
5.      if (res.statusCode === 200) {
6.        wx.playVoice({
7.          filePath: res.tempFilePath
8.        })
9.      }
10.   }
11. })
```

4. 下载任务 DownloadTask

DownloadTask 是一个可以监听下载进度变化事件，也是取消下载任务的对象，其与上传任务非常相似。它包含的方法有以下方面。

（1）中断下载任务，方法为 DownloadTask.abort。

（2）监听下载进度变化事件，方法为 DownloadTask.onProgressUpdate(function callback)。

（3）取消监听下载进度变化事件，对应于监听事件的取消，方法为 DownloadTask.offProgressUpdate(function callback)。

（4）监听 HTTP Response Header 事件，此事件会比请求完成事件更早，方法为 DownloadTask.onHeadersReceived(function callback)。

（5）取消监听 HTTP Response Header 事件，对应于监听事件的取消，方法为 DownloadTask.offHeadersReceived(function callback)。

示例代码如下。

```
1.  const downloadTask = wx.downloadFile({
2.    url: 'http://example.com/audio/123', //仅为示例，并非真实的资源
3.    success (res) {
4.      wx.playVoice({
5.        filePath: res.tempFilePath
6.      })
7.    }
8.  })
9.
10. downloadTask.onProgressUpdate((res) => {
11.   console.log('下载进度', res.progress)
12.   console.log('已经下载的数据长度', res.totalBytesWritten)
13.   console.log('预期需要下载的数据总长度', res.totalBytesExpectedToWrite)
14. })
15. downloadTask.abort() // 取消下载任务
```

7.1.3 WebSocket

WebSocket 可以用来创建一个会话连接，会话连接后可以相互发送数据，进行通信。WebSocket 涉及的 API 主要有 7 个。

1. SocketTask wx.connectSocket(Object object)

此方法为创建一个 WebSocket 连接，返回一个 SocketTask 对象。

WebSocket 连接参数说明见表 7-4。

表 7-4 WebSocket 连接参数说明

属性	类型	默认值	必填	说明
url	string		是	开发者服务器 wss 接口地址
header	Object		否	HTTP Header，Header 中不能设置 Referer
protocols	Array.<string>		否	子协议数组
tcpNoDelay	boolean	false	否	设置建立 TCP 连接时 TCP_NODELAY 的值
success	function		否	接口调用成功的回调函数
fail	function		否	接口调用失败的回调函数
complete	function		否	接口调用结束的回调函数

示例代码如下。

```
1.  wx.connectSocket({
2.    url: 'wss://example.qq.com',
3.    header:{
4.      'content-type': 'application/json'
5.    },
6.    protocols: ['protocol1'],
7.    method:"GET"
8.  })
```

2. wx.sendSocketMessage(Object object)

此方法是通过 WebSocket 连接发送数据。需要先通过 wx.connectSocket 创建一个连接，并在 wx.onSocketOpen 回调之后才能发送。

WebSocket 发送数据参数说明见表 7-5。

表 7-5 WebSocket 发送数据参数说明

属性	类型	默认值	必填	说明
data	string/ArrayBuffer		是	需要发送的内容
success	function		否	接口调用成功的回调函数
fail	function		否	接口调用失败的回调函数
complete	function		否	接口调用结束的回调函数

示例代码如下。

```
1.  let socketOpen = false
2.  const socketMsgQueue = []
3.  wx.connectSocket({
4.    url: 'test.php'
5.  })
6.
7.  wx.onSocketOpen(function(res) {
8.    socketOpen = true
9.    for (let i = 0; i < socketMsgQueue.length; i++){
10.     sendSocketMessage(socketMsgQueue[i])
11.   }
12.   socketMsgQueue = []
13. })
14. function sendSocketMessage(msg) {
15.   if (socketOpen) {
16.     wx.sendSocketMessage({
17.       data:msg
18.     })
19.   } else {
20.     socketMsgQueue.push(msg)
21.   }
22. }
```

3. wx.onSocketOpen(function callback)

此方法为监听 WebSocket 连接打开事件，参数为 WebSocket 连接打开事件的回调函数。

4. wx.onSocketMessage(function callback)

此方法为监听 WebSocket 接收的服务器的消息事件，参数为 WebSocket 接收的服务器的消息事件的回调函数。

5. wx.onSocketError(function callback)

此方法为监听 WebSocket 错误事件，参数为 WebSocket 错误事件的回调函数。

6. wx.onSocketClose(function callback)

此方法为监听 WebSocket 连接关闭事件，参数为 WebSocket 连接关闭事件的回调函数。

7. wx.closeSocket(Object object)

此方法为关闭 WebSocket 连接，结束通信。

WebSocket 关闭参数说明见表 7-6。

表 7-6 WebSocket 关闭参数说明

属性	类型	默认值	必填	说明
code	number	1000	否	一个数字值，表示关闭连接的状态号
reason	string		否	一个可读的字符串，表示连接被关闭的原因。这个字符串必须是不长于 123 字节的 UTF-8 文本（不是字符）
success	function		否	接口调用成功的回调函数
fail	function		否	接口调用失败的回调函数
complete	function		否	接口调用结束的回调函数（调用成功、失败都会执行）

示例代码如下。

```
1.  wx.connectSocket({
2.    url: 'test.php'
3.  })
4.  //注意这里有时序问题，
5.  //如果 wx.connectSocket 还没回调 wx.onSocketOpen，而先调用 wx.closeSocket，
    那么就达不到关闭 WebSocket 的目的。
6.  //必须在 WebSocket 打开期间调用 wx.closeSocket 才能关闭。
7.  wx.onSocketOpen(function() {
8.    wx.closeSocket()
9.  })
10. wx.onSocketClose(function(res) {
11.   console.log('WebSocket 已关闭！')
12. })
```

7.2 媒体 API

媒体 API 主要包括图片、录音、音频、视频、实时音视频等，下面介绍创建、保存、删除等操作的 API 方法。

7.2.1 图片

图片的 API 主要包括 6 个 API 方法，分别是保存图片到系统相册、全屏预览图片、获取图片信息、压缩图片、客户端会话选择文件和本地相册选择图片或使用相机拍照。

1. 保存图片到系统相册

方法为 wx.saveImageToPhotosAlbum(Object object)，此 API 用于保存图片到系统相册。保存图片参数说明见表 7-7。

表 7-7 保存图片参数说明

属性	类型	默认值	必填	说明
filePath	string		是	图片文件路径，可以是临时文件路径或永久文件路径，不支持网络图片路径

续表

属性	类型	默认值	必填	说明
success	function		否	接口调用成功的回调函数
fail	function		否	接口调用失败的回调函数
complete	function		否	接口调用结束的回调函数

示例代码如下。

```
1.  wx.saveImageToPhotosAlbum({
2.    success(res) { }
3.  })
```

2. 全屏预览图片

方法为 wx.previewImage(Object object)，此 API 用于在新页面中全屏预览图片。预览的过程中用户可以进行保存图片、发送给朋友等操作。

3. 获取图片信息

方法为 wx.getImageInfo(Object object)，此 API 用于获取图片信息。网络图片需先配置 download 域名才能生效。

4. 压缩图片

方法为 wx.compressImage(Object object)，此 API 用于压缩图片，可选压缩质量。

5. 客户端会话选择文件

方法为 wx.chooseMessageFile(Object object)，此 API 用于从客户端会话选择文件。

6. 本地相册选择图片或使用相机拍照

方法为 wx.chooseImage(Object object)，此 API 用于从本地相册选择图片或使用相机拍照。

7.2.2 录音

录音 API 包括录音过程中涉及的所有方法，如开始录音、录音管理器和停止录音等。

1. 开始录音

方法为 wx.startRecord(Object object)，此 API 用于开始录音。需要注意的是，当主动调用 wx.stopRecord，或录音超过 1 分钟时，会自动结束录音。另外当用户离开小程序时，此接口无法调用。

开始录音参数说明见表 7-8。

表 7-8　开始录音参数说明

属性	类型	默认值	必填	说明
success	function		否	接口调用成功的回调函数
fail	function		否	接口调用失败的回调函数
complete	function		否	接口调用结束的回调函数

示例代码如下。

```
1. wx.startRecord({
2.   success (res) {
3.     const tempFilePath = res.tempFilePath
4.   }
5. })
6. setTimeout(function () {
7.   wx.stopRecord() // 结束录音
8. }, 10000)
```

2. 停止录音

方法为 wx.stopRecord，此 API 用于停止录音，示例代码见开始录音示例代码的结束录音部分。

3. 录音管理器

方法为 RecorderManager，是全局唯一的录音管理器，可以对录音过程进行全方位的控制，如开始录音、暂停录音、监听录音事件等，具体方法说明见表 7-9。

表 7-9　录音管理器方法说明

方法	说明
wx.getRecorderManager	获取全局唯一的录音管理器
RecorderManager.start(Object object)	开始录音
RecorderManager.pause	暂停录音
RecorderManager.resume	继续录音
RecorderManager.stop	停止录音
RecorderManager.onStart(function callback)	监听录音开始事件
RecorderManager.onResume(function callback)	监听录音继续事件
RecorderManager.onPause(function callback)	监听录音暂停事件
RecorderManager.onStop(function callback)	监听录音结束事件
RecorderManager.onFrameRecorded(function callback)	监听已录制完指定帧大小的文件事件
RecorderManager.onError(function callback)	监听录音错误事件
RecorderManager.onInterruptionBegin(function callback)	监听录音因为受到系统占用而被中断开始事件
RecorderManager.onInterruptionEnd(function callback)	监听录音中断结束事件

示例代码如下。

```
1.  const recorderManager = wx.getRecorderManager()
2.  recorderManager.onStart(() => {
3.    console.log('recorder start')
```

```
4.  })
5.  recorderManager.onPause(() => {
6.    console.log('recorder pause')
7.  })
8.  recorderManager.onStop((res) => {
9.    console.log('recorder stop', res)
10.   const { tempFilePath } = res
11. })
12. recorderManager.onFrameRecorded((res) => {
13.   const { frameBuffer } = res
14.   console.log('frameBuffer.byteLength', frameBuffer.byteLength)
15. })
16. const options = {
17.   duration: 10000,
18.   sampleRate: 44100,
19.   numberOfChannels: 1,
20.   encodeBitRate: 192000,
21.   format: 'aac',
22.   frameSize: 50
23. }
24. recorderManager.start(options)
```

7.2.3 音频相关

和音频相关的 API 主要有播放音频、结束播放、设置播放选项、暂停播放、获取音频源、创建 AudioContext 对象和背景音频等方法。

1. 播放音频

方法为 wx.playVoice(Object object)，此 API 为开始播放音频。同时只允许一个音频文件播放，当前音频文件开始播放后，如果前一个音频文件还没播放完，将被中断。

播放音频参数说明见表 7-10。

表 7-10 播放音频参数说明

属性	类型	默认值	必填	说明
filePath	string		是	需要播放的音频文件路径
duration	number	60	否	指定播放时长，到达指定的播放时长后会自动停止播放（单位：s）
success	function		否	接口调用成功的回调函数
fail	function		否	接口调用失败的回调函数
complete	function		否	接口调用结束的回调函数

示例代码如下。

```
1. wx.startRecord({
2.   success (res) {
3.     const tempFilePath = res.tempFilePath
4.     wx.playVoice({
5.       filePath: tempFilePath,
6.       complete () { }
7.     })
8.   }
9. })
```

2. 结束播放

方法为 wx.stopVoice(Object object)，此 API 可结束播放音频。

结束播放参数说明见表 7-11。

表 7-11 结束播放参数说明

属性	类型	默认值	必填	说明
success	function		否	接口调用成功的回调函数
fail	function		否	接口调用失败的回调函数
complete	function		否	接口调用结束的回调函数

示例代码如下。

```
1. wx.startRecord({
2.   success (res) {
3.     const tempFilePath = res.tempFilePath
4.     wx.playVoice({
5.       filePath: tempFilePath,
6.     })
7.     setTimeout(() => { wx.stopVoice() }, 5000)
8.   }
9. })
```

3. 设置播放选项

方法为 wx.setInnerAudioOption(Object object)，此 API 用来设置 InnerAudioContext 的播放选项。设置之后对当前小程序全局生效。

4. 暂停播放

方法为 wx.pauseVoice(Object object)，此 API 可暂停正在播放的音频。需要注意的是，再次调用 wx.playVoice 播放同一个文件时，会从暂停处开始播放。如果想从头开始播放，需要先调用 wx.stopVoice，再调用 wx.playVoice。

示例代码如下。

```
1.  wx.startRecord({
2.    success (res) {
3.      const tempFilePath = res.tempFilePath
4.      wx.playVoice({
5.        filePath: tempFilePath
6.      })
7.
8.      setTimeout(() => { wx.pauseVoice() }, 5000)
9.    }
10. })
```

5. 获取音频源

方法为 wx.getAvailableAudioSources(Object object)，此 API 为获取当前支持的音频输入源。

6. 创建 AudioContext 对象

AudioContext 对象分为 InnerAudioContext 对象和 AudioContext 对象，可以使用如下两种方法来创建对象。

（1）wx.createInnerAudioContext，创建内部音频组件上下文 InnerAudioContext 对象。InnerAudioContext 对象包含属性主要有 src、startTime、autoplay、loop、obeyMuteSwitch、volume、duration、currentTime、paused、buffered 等。对应属性说明见表 7-12。包含的方法主要有 play、pause、stop、seek、destroy 等，以及相应的一些事件监听方法。

表 7-12　属性说明

属性	类型	默认值	说明
src	string		音频资源的地址
startTime	number	0	开始播放的位置（单位：s）
autoplay	boolean	false	是否自动开始播放
loop	boolean	false	是否循环播放
obeyMuteSwitch	boolean	true	是否遵循系统静音开关
volume	number	1	音量。范围 0～1
duration	number		当前音频的长度（单位：s）
currentTime	number		当前音频的播放位置（单位：s）
paused	boolean		当前是否为暂停或停止状态
buffered	number		音频缓冲的时间点

示例代码如下。

```
1.  const innerAudioContext = wx.createInnerAudioContext()
2.  innerAudioContext.autoplay = true
```

```
3.  innerAudioContext.src = 'http://ws.stream.qqmusic.qq.com/M500001VfvsJ21xFqb.mp3?guid=ffffffff82def4af4b12b3cd9337d5e7&uin=346897220&vkey=6292F51E1E384E061FF02C31F716658E5C81F5594D561F2E88B854E81CAAB7806D5E4F103E55D33C16F3FAC506D1AB172DE8600B37E43FAD&fromtag=46'
4.  innerAudioContext.onPlay(() => {
5.    console.log('开始播放')
6.  })
7.  innerAudioContext.onError((res) => {
8.    console.log(res.errMsg)
9.    console.log(res.errCode)
10. })
```

（2）wx.createAudioContext(string id, Object this)，创建音频组件上下文 AudioContext 对象。其中，参数 id 为音频组件的 id，当前组件实例的 this，用于操作音频组件。AudioContext 对象主要有 setSrc(string src)、play、pause、seek(number position)等方法，分别对应的是设置音频地址、播放音频、暂停音频、跳转到指定位置。

示例代码如下。

wxml 代码如下。

```
1.  <!-- audio.wxml -->
2.  <audio  src="{{src}}" id="myAudio" ></audio>
3.  <button type="primary" bindtap="audioPlay">播放</button>
4.  <button type="primary" bindtap="audioPause">暂停</button>
5.  <button type="primary" bindtap="audio14">设置当前播放时间为 14 秒</button>
6.  <button type="primary" bindtap="audioStart">回到开头</button>
```

js 代码如下。

```
1.  // audio.js
2.  Page({
3.    onReady (e) {
4.      // 使用 wx.createAudioContext 获取音频组件上下文 context
5.      this.audioCtx = wx.createAudioContext('myAudio')
6.      this.audioCtx.setSrc('http://ws.stream.qqmusic.qq.com/M500001VfvsJ21xFqb.mp3?guid=ffffffff82def4af4b12b3cd9337d5e7&uin=346897220&vkey=6292F51E1E384E06DCBDC9AB7C49FD713D632D313AC4858BACB8DDD29067D3C601481D36E62053BF8DFEAF74C0A5CCFADD6471160CAF3E6A&fromtag=46')
7.      this.audioCtx.play()
8.    },
9.    data: {
10.     src: ''
11.   },
12.   audioPlay () {
13.     this.audioCtx.play()
```

```
14.   },
15.   audioPause () {
16.     this.audioCtx.pause()
17.   },
18.   audio14 () {
19.     this.audioCtx.seek(14)
20.   },
21.   audioStart () {
22.     this.audioCtx.seek(0)
23.   }
24. })
```

7. 背景音频

背景音频和音频的使用方式基本上是一致的，只是使用在背景环境下。从微信客户端6.7.2版本开始，若需要在小程序切后台后继续播放音频，需要在app.json中配置requiredBackgroundModes属性。开发版和体验版上可以直接生效，正式版还需通过审核。背景音频参数说明见表7-13。

表7-13　背景音频参数说明

方法	说明
wx.stopBackgroundAudio(Object object)	停止播放音频
wx.seekBackgroundAudio(Object object)	控制音频播放进度
wx.playBackgroundAudio(Object object)	使用后台播放器播放音频
wx.pauseBackgroundAudio(Object object)	暂停播放音频
wx.onBackgroundAudioStop(function callback)	监听音频停止事件
wx.onBackgroundAudioPlay(function callback)	监听音频播放事件
wx.onBackgroundAudioPause(function callback)	监听音频暂停事件
wx.getBackgroundAudioPlayerState(Object object)	获取后台音频播放状态
wx.getBackgroundAudioManager	获取全局唯一的背景音频管理器

需要注意的是，对于微信客户端来说，同时只能有一个后台音频在播放。小程序切入后台，如果音频处于播放状态，可以继续播放。但是后台状态不能通过调用API操纵音频的播放状态。当用户离开小程序后，音频将暂停播放；当用户在其他小程序占用了音频播放器，原有小程序内的音频将停止播放。

7.2.4 视频相关

视频相关的API主要有保存视频、选择视频和创建VideoContext对象等方法。

1. 保存视频

方法为wx.saveVideoToPhotosAlbum(Object object)，此API是保存视频到系统相册，支持mp4视频格式。

保存视频参数说明见表 7-14。

表 7-14　保存视频参数说明

属性	类型	默认值	必填	说明
filePath	string		是	视频文件路径，可以是临时文件路径，也可以是永久文件路径
success	function		否	接口调用成功的回调函数
fail	function		否	接口调用失败的回调函数
complete	function		否	接口调用结束的回调函数

示例代码如下。

```
1.  wx.saveVideoToPhotosAlbum({
2.    filePath: 'wxfile://xxx',
3.    success (res) {
4.      console.log(res.errMsg)
5.    }
6.  })
```

2. 选择视频

方法为 wx.chooseVideo(Object object)，此 API 是拍摄视频或从手机相册中选择视频。选择视频参数说明见表 7-15。

表 7-15　选择视频参数说明

属性	类型	默认值	必填	说明
sourceType	Array.<string>	['album', 'camera']	否	视频选择的来源
compressed	boolean	true	否	是否压缩所选择的视频文件
maxDuration	number	60	否	视频最长拍摄时间（单位：s）
camera	string	'back'	否	默认调用的是前置或者后置摄像头。部分 Android 手机由于系统 ROM 不支持无法生效
success	function		否	接口调用成功的回调函数
fail	function		否	接口调用失败的回调函数
complete	function		否	接口调用结束的回调函数

示例代码如下。

```
1.  wx.chooseVideo({
2.    sourceType: ['album','camera'],
3.    maxDuration: 60,
4.    camera: 'back',
```

```
5.    success(res) {
6.      console.log(res.tempFilePath)
7.    }
8.  })
```

3. 创建 VideoContext 对象

方法为 wx.createVideoContext(string id, Object this)，此 API 是创建 video 上下文 VideoContext 对象。VideoContext 通过 id 跟一个 video 组件绑定，可操作对应的 video 组件。除了包括常规的 play、pause、stop、seek(position)方法外，还有如发送弹幕、倍速播放、进入全屏、退出全屏等方法，具体可查阅官方手册。

示例代码如下。

```
1.  //在开发者工具中预览效果
2.  <view class="section tc">
3.    <video id="myVideo" src="http://wxsnsdy.tc.qq.com/105/20210/snsdyv
    ideodownload?filekey=30280201010421301f0201690402534804102ca905ce62
    0b1241b726bc41dcff44e00204012882540400&bizid=1023&hy=SH&fileparam=
    302c020101042530230204136ffd93020457e3c4ff02024ef202031e8d7f02030f4
    2400204045a320a0201000400" enable-danmu danmu-btn controls></video>
4.    <view class="btn-area">
5.      <input bindblur="bindInputBlur"/>
6.      <button bindtap="bindSendDanmu">发送弹幕</button>
7.    </view>
8.  </view>
9.  function getRandomColor () {
10.   let rgb = []
11.   for (let i = 0 ; i < 3; ++i) {
12.     let color = Math.floor(Math.random() * 256).toString(16)
13.     color = color.length == 1 ? '0' + color : color
14.     rgb.push(color)
15.   }
16.   return '#' + rgb.join('')
17. }
18.
19. Page({
20.   onReady (res) {
21.     this.videoContext = wx.createVideoContext('myVideo')
22.   },
23.   inputValue: '',
24.   bindInputBlur (e) {
25.     this.inputValue = e.detail.value
26.   },
```

```
27.   bindSendDanmu () {
28.     this.videoContext.sendDanmu({
29.       text: this.inputValue,
30.       color: getRandomColor()
31.     })
32.   }
33. })
```

7.2.5　实时音视频

实时音视频 API 为 wx.createLivePusherContext，用于创建 live-pusher 上下文 LivePusher Context 对象。

而 wx.createLivePlayerContext(string id, Object this)则是创建 live-player 上下文 LivePlayer Context 对象。

7.3　文件 API

文件 API 主要包括文件的读取、保存、打开、删除等方法。

7.3.1　读取文件信息

方法为 wx.openDocument(Object object)，用于为新开页面打开文档。

示例代码如下。

```
1.    wx.downloadFile({
2.    // 示例 url，并非真实存在
3.    url: 'http://example.com/somefile.pdf',
4.    success: function (res) {
5.      const filePath = res.tempFilePath
6.      wx.openDocument({
7.        filePath: filePath,
8.        success: function (res) {
9.          console.log('打开文档成功')
10.       }
11.     })
12.   }
13. })
```

另外几个常用的 API 有：wx.getSavedFileList(Object object)，用于获取该小程序下已保存的本地缓存文件列表；wx.getSavedFileInfo(Object object)，用于获取本地文件的文件信息。此接口只能用于获取已保存到本地的文件，若需要获取临时文件信息，请使用 wx.getFileInfo 接口，低版本需做兼容处理。

7.3.2　保存文件

API 为 wx.saveFile(Object object)，用于保存文件到本地。需要注意的是 saveFile 会移

动临时文件，因此调用成功后传入的 tempFilePath 将不可用。

示例代码如下。

```
1.  wx.chooseImage({
2.    success: function(res) {
3.      const tempFilePaths = res.tempFilePaths
4.      wx.saveFile({
5.        tempFilePath: tempFilePaths[0],
6.        success (res) {
7.          const savedFilePath = res.savedFilePath
8.        }
9.      })
10.   }
11. })
```

7.3.3 打开文件

API 为 wx.openDocument(Object object)，用于页面打开文档。

示例代码如下。

```
1.  wx.downloadFile({
2.    // 示例 url，并非真实存在
3.    url: 'http://example.com/somefile.pdf',
4.    success: function (res) {
5.      const filePath = res.tempFilePath
6.      wx.openDocument({
7.        filePath: filePath,
8.        success: function (res) {
9.          console.log('打开文档成功')
10.       }
11.     })
12.   }
13. })
```

7.3.4 删除文件

API 为 wx.removeSavedFile(Object object)，用于删除本地缓存文件。

示例代码如下。

```
1.  wx.getSavedFileList({
2.   success (res) {
3.     if (res.fileList.length > 0){
4.       wx.removeSavedFile({
5.         filePath: res.fileList[0].filePath,
6.         complete (res) {
7.           console.log(res)
```

```
8.          }
9.        })
10.     }
11.   }
12. })
```

7.4 数据 API

关于数据的 API 主要是指针缓存数据，包括存储缓存、获取缓存、删除和清除缓存这几个方法，在小程序开发过程中经常会用到。此 API 基本上都有同步和异步的调用方法，同步是异步在名字后面增加了“Sync”，这里我们只介绍异步的用法，同步类同。

7.4.1 存储缓存

存储缓存的方法有两个，一个为 wx.setStorage，是异步版本，另一个为 wx.setStorageSync，是同步版本。它们都是将数据存储在本地缓存指定的 key 中，会覆盖原来该 key 对应的内容。数据存储生命周期与小程序本身一致，即除非用户主动删除或超过一定时间被自动清理，否则数据一直可用。单个 key 允许存储的最大数据长度为 1MB，所有数据存储上限为 10MB。

示例代码如下。

```
1.  wx.setStorageSync({
2.    key:"key",
3.    data:"value"
4.  })
```

7.4.2 获取缓存

获取缓存 API 分为获取缓存和获取缓存信息两个方法，具体如下。

1. 获取缓存

方法为 wx.getStorage(string key)，用于从本地缓存中异步获取指定 key 的内容。对应的同步方法为 wx.getStorageSync(string key)。

示例代码如下。

```
1.  wx.getStorage({
2.    key: 'key',
3.    success (res) {
4.      console.log(res.data)
5.    }
6.  })
```

2. 获取缓存信息

方法为 Object wx.getStorageInfo，用于异步获取当前缓存的相关信息。对应的同步方法为 wx.getStorageInfoSync。

7.4.3 删除和清除缓存

方法为 wx.clearStorage(Object object)，用于清理本地数据缓存。

示例代码如下。

```
1.  try {
2.    wx.clearStorage()
3.  } catch(e) {
4.    // Do something when catch error
5.  }
```

7.5 位置 API

位置 API 在微信小程序中使用非常广泛，如果用户允许小程序获取到用户的位置，则小程序可以根据位置信息提供更人性化的服务，如选择最近连锁店、酒店推荐等。主要从获取位置、查看位置和地图组件控制三个方面来介绍位置 API。

7.5.1 获取位置

方法为 wx.getLocation(Object object)，调用前需要用户授权 scope.userLocation 获取当前的地理位置、速度。当用户离开小程序后，此接口无法调用。工具中定位模拟使用 IP 定位，可能会有一定误差，且工具目前仅支持 GCJ-02（GCJ-02 是由原中国国家测绘局制订的地理信息系统的坐标系统，G 表示国家（Guojia），C 表示测绘（Cehui），J 表示局（Ju））坐标。使用第三方服务进行逆地址解析时，需确认第三方服务默认的坐标系，正确进行坐标转换。

示例代码如下。

```
1.  wx.getLocation({
2.   type: 'wgs84',
3.   success (res) {
4.     const latitude = res.latitude
5.     const longitude = res.longitude
6.     const speed = res.speed
7.     const accuracy = res.accuracy
8.   }
9.  })
```

7.5.2 查看位置

方法为 wx.openLocation(Object object)，使用微信内置地图查看位置。

示例代码如下。

```
1.  wx.getLocation({
2.   type: 'gcj02', //返回可以用于 wx.openLocation 的经纬度
3.   success (res) {
4.     const latitude = res.latitude
5.     const longitude = res.longitude
```

```
6.     wx.openLocation({
7.       latitude,
8.       longitude,
9.       scale: 18
10.    })
11.  }
12. })
```

7.5.3 地图组件控制

方法为 wx.chooseLocation(Object object)，用于打开地图选择位置，调用前需要用户授权 scope.userLocation。

7.6 设备 API

设备 API 是非常重要的 API 方法，开发者可以通过此类 API 调用移动终端自身的传感器，根据传感器的数据设计下一步的操作，主要的传感器有加速度计、罗盘、蓝牙等。以下是设备相关的 API 方法。

7.6.1 系统信息

方法为 wx.getSystemInfo(Object object)，用于获取系统信息。

获取系统信息参数说明见表 7-16。

表 7-16 获取系统信息参数说明

属性	类型	默认值	必填	说明
success	function		否	接口调用成功的回调函数
fail	function		否	接口调用失败的回调函数
complete	function		否	接口调用结束的回调函数

示例代码如下。

```
1.  wx.getSystemInfo({
2.    success (res) {
3.      console.log(res.model)
4.      console.log(res.pixelRatio)
5.      console.log(res.windowWidth)
6.      console.log(res.windowHeight)
7.      console.log(res.language)
8.      console.log(res.version)
9.      console.log(res.platform)
10.   }
11. })
12. try {
```

```
13.     const res = wx.getSystemInfoSync()
14.     console.log(res.model)
15.     console.log(res.pixelRatio)
16.     console.log(res.windowWidth)
17.     console.log(res.windowHeight)
18.     console.log(res.language)
19.     console.log(res.version)
20.     console.log(res.platform)
21. } catch (e) {
22.     // Do something when catch error
23. }
```

7.6.2 网络连接

网络连接分为监听网络状态变化事件和获取网络类型两个方法。

1. 监听网络状态变化事件

方法为 wx.onNetworkStatusChange(function callback)，用来监听网络状态变化事件，从基础库 1.1.0 开始支持，低版本需做兼容处理。参数是网络状态变化事件的回调函数。与之相对应的 wx.offNetworkStatusChange(function callback)为取消监听网络状态变化事件的方法。

示例代码如下。

```
1.  wx.onNetworkStatusChange(function (res) {
2.    console.log(res.isConnected)
3.    console.log(res.networkType)
4.  })
```

2. 获取网络类型

方法为 wx.getNetworkType(Object object)，用于获取网络类型。网络类型主要包括 wifi、2g、3g、4g、5g、unknown、none 等。

获取网络类型参数说明见表 7-17。

表 7-17　获取网络类型参数说明

属性	类型	默认值	必填	说明
success	function		否	接口调用成功的回调函数
fail	function		否	接口调用失败的回调函数
complete	function		否	接口调用结束的回调函数

示例代码如下。

```
1.  wx.getNetworkType({
2.    success (res) {
3.      const networkType = res.networkType
```

```
4.     }
5.   })
```

7.6.3 加速度计

加速度计主要包括开始监听加速度计、监听加速度计事件和停止监听加速度计三个方法。具体方法如下。

1. 开始监听加速度计

方法为 wx.startAccelerometer(Object object)，开始监听加速度数据，从基础库 1.1.0 开始支持，低版本需做兼容处理。

监听加速度数据参数说明见表 7-18。

表 7-18　监听加速度数据参数说明

属性	类型	默认值	必填	说明
interval	string	normal	是	监听加速度数据回调函数的执行频率
success	function		否	接口调用成功的回调函数
fail	function		否	接口调用失败的回调函数
complete	function		否	接口调用结束的回调函数

示例代码如下。

```
1.  wx.startAccelerometer({
2.    interval: 'game'
3.  })
```

2. 监听加速度计事件

方法为 wx.onAccelerometerChange(function callback)，监听加速度数据事件。频率依据 wx.startAccelerometer 的 interval 参数，需要注意的是，根据机型性能、当前 CPU 与内存的占用情况，interval 的设置与实际 wx.onAccelerometerChange 回调函数的执行频率，频率会有一些出入。可使用 wx.stopAccelerometer 停止监听。

示例代码如下。

```
1.  wx.onAccelerometerChange(function (res) {
2.    console.log(res.x)
3.    console.log(res.y)
4.    console.log(res.z)
5.  })
```

3. 停止监听加速度计

方法为 wx.stopAccelerometer(Object object)，停止监听加速度数据。从基础库 1.1.0 开始支持，低版本需做兼容处理。

停止监听加速度计参数说明见表 7-19。

表 7-19　停止监听加速度计参数说明

属性	类型	默认值	必填	说明
success	function		否	接口调用成功的回调函数
fail	function		否	接口调用失败的回调函数
complete	function		否	接口调用结束的回调函数

示例代码如下。

```
1.  wx.stopAccelerometer()
```

7.6.4　罗盘

同样，罗盘 API 也包括开始监听罗盘、停止监听罗盘和监听罗盘数据变化事件三个方法，具体方法如下。

1．开始监听罗盘

方法为 wx.startCompass(Object object)，开始监听罗盘数据，从基础库 1.1.0 开始支持，低版本需做兼容处理。

开始监听罗盘参数说明见表 7-20。

表 7-20　开始监听罗盘参数说明

属性	类型	默认值	必填	说明
success	function		否	接口调用成功的回调函数
fail	function		否	接口调用失败的回调函数
complete	function		否	接口调用结束的回调函数

2．停止监听罗盘

方法为 wx.stopCompass(Object object)，停止监听罗盘数据，从基础库 1.1.0 开始支持，低版本需做兼容处理。

停止监听罗盘参数说明见表 7-21。

表 7-21　停止监听罗盘参数说明

属性	类型	默认值	必填	说明
success	function		否	接口调用成功的回调函数
fail	function		否	接口调用失败的回调函数
complete	function		否	接口调用结束的回调函数

示例代码如下。

```
1. wx.stopCompass()
```

3．监听罗盘数据变化事件

方法为 wx.onCompassChange(function callback)，监听罗盘数据变化事件。频率为 5 次/s，

接口调用后会自动开始监听，可使用 wx.stopCompass 停止监听。参数为罗盘数据变化事件的回调函数。

7.6.5　拨打电话

方法为 wx.makePhoneCall(Object object)。

拨打电话参数说明见表 7-22。

表 7-22　拨打电话参数说明

属性	类型	默认值	必填	说明
phoneNumber	string		是	需要拨打的电话号码
success	function		否	接口调用成功的回调函数
fail	function		否	接口调用失败的回调函数
complete	function		否	接口调用结束的回调函数

示例代码如下。

```
1.  wx.makePhoneCall({
2.    phoneNumber: '13312345678' //仅为示例，并非真实的电话号码
3.  })
```

7.6.6　扫码

方法为 wx.scanCode(Object object)，打开客户端扫码界面进行扫码。

扫码参数说明见表 7-23。

表 7-23　扫码参数说明

属性	类型	默认值	必填	说明
onlyFromCamera	boolean	false	否	是否只能从相机扫码，不允许从相册选择图片
scanType	Array.<string>	['barCode', 'qrCode']	否	扫码类型
success	function		否	接口调用成功的回调函数
fail	function		否	接口调用失败的回调函数
complete	function		否	接口调用结束的回调函数

示例代码如下。

```
1.  // 允许从相机和相册扫码
2.  wx.scanCode({
3.    success (res) {
4.      console.log(res)
5.    }
6.  })
```

```
7.  // 只允许从相机扫码
8.  wx.scanCode({
9.    onlyFromCamera: true,
10.   success (res) {
11.     console.log(res)
12.   }
13. })
```

7.6.7 剪贴板

剪贴板有两个 API 方法，分别是设置剪贴板数据和获取剪贴板数据，具体方法如下。

1. 设置剪贴板数据

方法为 wx.setClipboardData(Object object)，设置系统剪贴板的内容，从基础库 1.1.0 开始支持，低版本需做兼容处理。

设置剪贴板参数说明见表 7-24。

表 7-24 设置剪贴板参数说明

属性	类型	默认值	必填	说明
data	string		是	剪贴板的内容
success	function		否	接口调用成功的回调函数
fail	function		否	接口调用失败的回调函数
complete	function		否	接口调用结束的回调函数

示例代码如下。

```
1.  wx.setClipboardData({
2.    data: 'data',
3.    success (res) {
4.      wx.getClipboardData({
5.        success (res) {
6.          console.log(res.data) // data
7.        }
8.      })
9.    }
10. })
```

2. 获取剪贴板数据

方法为 wx.getClipboardData(Object object)，获取系统剪贴板的内容，从基础库 1.1.0 开始支持，低版本需做兼容处理。

获取剪贴板参数说明见表 7-25。

表 7-25 获取剪贴板参数说明

属性	类型	默认值	必填	说明
success	function		否	接口调用成功的回调函数
fail	function		否	接口调用失败的回调函数
complete	function		否	接口调用结束的回调函数

示例代码如下。

```
1.  wx.getClipboardData({
2.    success (res){
3.      console.log(res.data)
4.    }
5.  })
```

7.6.8 蓝牙

基本上所有的移动终端都会配备蓝牙设备，移动终端之间使用蓝牙连接的方式越来越多，特别是蓝牙 5.0 的推出，使蓝牙的功耗性、安全性和传输性有了很大程度的提高。蓝牙 API 主要包括开始搜寻蓝牙设备、初始化蓝牙设备、停止搜寻蓝牙设备、监听寻找到蓝牙设备、监听蓝牙设备状态变化、获取蓝牙设备连接状态、获取所有蓝牙设备、获取本机蓝牙状态和关闭蓝牙设备 9 个 API 方法，具体方法如下。

1. 开始搜寻蓝牙设备

方法为 wx.startBluetoothDevicesDiscovery(Object object)，开始搜寻附近的蓝牙外围设备。此操作比较耗费系统资源，需在搜索并连接到设备后调用 wx.stopBluetoothDevicesDiscovery 方法停止搜索。某些蓝牙设备会广播自己的主服务的 UUID，可以通过设置 services 参数，只搜索广播包有对应 UUID 的主服务的蓝牙设备。建议主要通过该参数过滤掉周边不需要处理的其他蓝牙设备。从基础库 1.1.0 开始支持，低版本需做兼容处理。

开始搜寻蓝牙设备参数说明见表 7-26。

表 7-26 开始搜寻蓝牙设备参数说明

属性	类型	默认值	必填	说明
services	Array.<string>		否	要搜索的蓝牙设备主服务的 UUID 列表
allowDuplicatesKey	boolean	false	否	是否允许重复上报同一设备
success	function		否	接口调用成功的回调函数
fail	function		否	接口调用失败的回调函数
complete	function		否	接口调用结束的回调函数

示例代码如下。

```
1.  // 以微信硬件平台的蓝牙智能灯为例，主服务的 UUID 是 FEE7。传入这个参数，只搜索主
    服务 UUID 为 FEE7 的设备
```

```
2.  wx.startBluetoothDevicesDiscovery({
3.    services: ['FEE7'],
4.    success (res) {
5.      console.log(res)
6.    }
7.  })
```

2. 初始化蓝牙设备

方法为 wx.openBluetoothAdapter(Object object)，初始化蓝牙模块，从基础库 1.1.0 开始支持，低版本需做兼容处理。需要注意的是，和蓝牙相关的 API 必须在 wx.openBluetoothAdapter 调用之后使用，否则 API 会返回错误（errCode=10000）。在用户蓝牙开关未开启或者手机不支持蓝牙功能的情况下，调用 wx.openBluetoothAdapter 会返回错误（errCode=10001），表示手机蓝牙功能不可用。此时小程序蓝牙模块已经初始化完成，可通过 wx.onBluetoothAdapterStateChange 监听手机蓝牙状态的改变，也可以调用蓝牙模块的所有 API。

初始化蓝牙设备参数说明见表 7-27。

表 7-27　初始化蓝牙设备参数说明

属性	类型	默认值	必填	说明
success	function		否	接口调用成功的回调函数
fail	function		否	接口调用失败的回调函数
complete	function		否	接口调用结束的回调函数

示例代码如下。

```
1.  wx.openBluetoothAdapter({
2.    success (res) {
3.      console.log(res)
4.    }
5.  })
```

3. 停止搜寻蓝牙设备

方法为 wx.stopBluetoothDevicesDiscovery(Object object)，停止搜寻附近的蓝牙外围设备。若已经找到需要的蓝牙设备并不需要继续搜索时，建议调用该接口停止蓝牙搜索。从基础库 1.1.0 开始支持，低版本需做兼容处理。

停止搜寻蓝牙设备参数说明见表 7-28。

表 7-28　停止搜寻蓝牙设备参数说明

属性	类型	默认值	必填	说明
success	function		否	接口调用成功的回调函数
fail	function		否	接口调用失败的回调函数
complete	function		否	接口调用结束的回调函数

示例代码如下。

```
1.  wx.stopBluetoothDevicesDiscovery({
2.    success (res) {
3.      console.log(res)
4.    }
5.  })
```

4. 监听寻找到蓝牙设备

方法为 wx.onBluetoothDeviceFound(function callback)，监听寻找到新设备的事件，参数为寻找到新设备的事件的回调函数，若 wx.onBluetoothDeviceFound 回调了某个设备，则此设备会添加到 wx.getBluetoothDevices 接口获取到的数组中。从基础库 1.1.0 开始支持，低版本需做兼容处理。

示例代码如下。

```
1.  // ArrayBuffer 转十六进制字符串示例
2.  function ab2hex(buffer) {
3.    var hexArr = Array.prototype.map.call(
4.      new Uint8Array(buffer),
5.      function(bit) {
6.        return ('00' + bit.toString(16)).slice(-2)
7.      }
8.    )
9.    return hexArr.join('');
10. }
11. wx.onBluetoothDeviceFound(function(devices) {
12.   console.log('new device list has founded')
13.   console.dir(devices)
14.   console.log(ab2hex(devices[0].advertisData))
15. })
```

需要注意的是，安卓系统中部分机型需要有位置权限才能搜索到设备，需留意是否开启了位置权限。

5. 监听蓝牙设备状态变化

方法为 wx.onBluetoothAdapterStateChange(function callback)，监听蓝牙适配器状态变化事件，参数为蓝牙适配器状态变化事件的回调函数。从基础库 1.1.0 开始支持，低版本需做兼容处理。

示例代码如下。

```
1.  wx.onBluetoothAdapterStateChange(function (res) {
2.    console.log('adapterState changed, now is', res)
3.  })
```

6. 获取蓝牙设备连接状态

方法为 wx.getConnectedBluetoothDevices(Object object)，根据 UUID 获取处于已连接状态的设备。从基础库 1.1.0 开始支持，低版本需做兼容处理。

获取蓝牙设备连接状态参数说明见表 7-29。

表 7-29　获取蓝牙设备连接状态参数说明

属性	类型	默认值	必填	说明
success	function		否	接口调用成功的回调函数
fail	function		否	接口调用失败的回调函数
complete	function		否	接口调用结束的回调函数

示例代码如下。

```
1.  wx.getConnectedBluetoothDevices({
2.    success (res) {
3.      console.log(res)
4.    }
5.  })
```

7. 获取所有蓝牙设备

方法为 wx.getBluetoothDevices(Object object)，获取在蓝牙模块生效期间所有已发现的蓝牙设备。包括已经和本机处于连接状态的设备。从基础库 1.1.0 开始支持，低版本需做兼容处理。

获取所有蓝牙设备参数说明见表 7-30。

表 7-30　获取所有蓝牙设备参数说明

属性	类型	默认值	必填	说明
success	function		否	接口调用成功的回调函数
fail	function		否	接口调用失败的回调函数
complete	function		否	接口调用结束的回调函数

示例代码如下。

```
1.  // ArrayBuffer 转十六进制字符串示例
2.  function ab2hex(buffer) {
3.    var hexArr = Array.prototype.map.call(
4.      new Uint8Array(buffer),
5.      function(bit) {
6.        return ('00' + bit.toString(16)).slice(-2)
7.      }
8.    )
9.    return hexArr.join('');
10. }
11. wx.getBluetoothDevices({
12.   success: function (res) {
13.     console.log(res)
14.     if (res.devices[0]) {
```

```
15.         console.log(ab2hex(res.devices[0].advertisData))
16.     }
17.   }
18. })
```

需要注意的是，该接口获取到的设备列表为蓝牙模块生效期间所有搜索到的蓝牙设备，若在蓝牙模块使用流程结束后未及时调用 wx.closeBluetoothAdapter 释放资源，会存在再次调用该接口时返回之前搜索到的蓝牙设备，但设备可能已经不在用户身边，无法连接的情况。蓝牙设备在被搜索到时，系统返回的 name 字段一般为广播包中的 LocalName 字段中的设备名称，而如果与蓝牙设备建立连接，系统返回的 name 字段会改为从蓝牙设备上获取到的 GattName。若需要动态改变设备名称并展示，建议使用 LocalName 字段。

8. 获取本机蓝牙状态

方法为 wx.getBluetoothAdapterState(Object object)，获取本机蓝牙适配器状态。从基础库 1.1.0 开始支持，低版本需做兼容处理。

获取本机蓝牙状态参数说明见表 7-31。

表 7-31 获取本机蓝牙状态参数说明

属性	类型	默认值	必填	说明
success	function		否	接口调用成功的回调函数
fail	function		否	接口调用失败的回调函数
complete	function		否	接口调用结束的回调函数

示例代码如下。

```
1. wx.getBluetoothAdapterState({
2.   success (res) {
3.     console.log(res)
4.   }
5. })
```

9. 关闭蓝牙设备

方法为 wx.closeBluetoothAdapter(Object object)，关闭蓝牙模块。调用该方法将断开所有已建立的连接并释放系统资源。建议与 wx.openBluetoothAdapter 成对调用。从基础库 1.1.0 开始支持，低版本需做兼容处理。

关闭蓝牙设备参数说明见表 7-32。

表 7-32 关闭蓝牙设备参数说明

属性	类型	默认值	必填	说明
success	function		否	接口调用成功的回调函数
fail	function		否	接口调用失败的回调函数
complete	function		否	接口调用结束的回调函数

示例代码如下。

```
1.  wx.closeBluetoothAdapter({
2.    success (res) {
3.      console.log(res)
4.    }
5.  })
```

7.6.9 屏幕

屏幕 API 主要包括设置屏幕亮度、设置屏幕常亮、屏幕截屏和获取屏幕亮度，具体 API 方法如下。

1. 设置屏幕亮度

方法为 wx.setScreenBrightness(Object object)，设置屏幕亮度。从基础库 1.2.0 开始支持，低版本需做兼容处理。

设置屏幕亮度参数说明见表 7-33。

表 7-33 设置屏幕亮度参数说明

属性	类型	默认值	必填	说明
value	number		是	屏幕亮度值，范围 0～1。0 最暗，1 最亮
success	function		否	接口调用成功的回调函数
fail	function		否	接口调用失败的回调函数
complete	function		否	接口调用结束的回调函数

2. 设置屏幕常亮

方法为 wx.setKeepScreenOn(Object object)，设置屏幕是否保持常亮状态。仅在当前小程序生效，离开小程序后设置失效。从基础库 1.4.0 开始支持，低版本需做兼容处理。

设置屏幕常亮参数说明见表 7-34。

表 7-34 设置屏幕常亮参数说明

属性	类型	默认值	必填	说明
keepScreenOn	boolean		是	是否保持屏幕常亮
success	function		否	接口调用成功的回调函数
fail	function		否	接口调用失败的回调函数
complete	function		否	接口调用结束的回调函数

示例代码如下。

```
1.  wx.setKeepScreenOn({
2.    keepScreenOn: true
3.  })
```

3. 屏幕截屏

方法为 wx.onUserCaptureScreen(function callback)，监听用户主动截屏事件。用户使用系统截屏按键截屏时触发，参数为用户主动截屏事件的回调函数。从基础库 1.4.0 开始支持，低版本需做兼容处理。

示例代码如下。

```
1.  wx.onUserCaptureScreen(function (res) {
2.    console.log('用户截屏了')
3.  })
```

相应也有取消监听事件的方法，方法为 wx.offUserCaptureScreen(function callback)，为取消监听用户主动截屏事件。

4. 获取屏幕亮度

方法为 wx.getScreenBrightness(Object object)，获取屏幕亮度，若安卓系统设置中开启了自动调节亮度功能，则屏幕亮度会根据光线自动调整，该接口仅能获取自动调节亮度之前的值，而非实时的亮度值。从基础库 1.2.0 开始支持，低版本需做兼容处理。

获取屏幕亮度参数说明见表 7-35。

表 7-35 获取屏幕亮度参数说明

属性	类型	默认值	必填	说明
success	function		否	接口调用成功的回调函数
fail	function		否	接口调用失败的回调函数
complete	function		否	接口调用结束的回调函数

7.6.10 手机联系人

方法为 wx.addPhoneContact(Object object)，添加手机通讯录联系人。用户可以选择将该表单以“新增联系人”或“添加到已有联系人”的方式，写入手机系统通讯录。从基础库 1.2.0 开始支持，低版本需做兼容处理。

增加联系人参数说明见表 7-36。

表 7-36 增加联系人参数说明

属性	类型	默认值	必填	说明
success	function		否	接口调用成功的回调函数
fail	function		否	接口调用失败的回调函数
complete	function		否	接口调用结束的回调函数

7.7 界面 API

界面 API 是指涉及界面相关的事件方法，下面主要从交互反馈、设置导航相关、设置窗口背景、动画和其他 API 五个方面来介绍。

7.7.1 交互反馈

交互反馈 API 包括显示消息提示框、显示模态对话框、显示加载提示框、显示操作菜单、隐藏消息提示框和隐藏加载提示框等方法，具体方法如下。

1. 显示消息提示框

方法为 wx.showToast(Object object)，显示消息提示框。提示框 wx.showLoading 和 wx.showToast 同时只能显示一个，另外 wx.showToast 应与 wx.hideToast 配对使用。

显示消息提示框参数说明见表 7-37。

表 7-37 显示消息提示框参数说明

属性	类型	默认值	必填	说明
title	string		是	提示的内容
icon	string	'success'	否	图标
image	string		否	自定义图标的本地路径，image 的优先级高于 icon
duration	number	1500	否	提示的延迟时间
mask	boolean	false	否	是否显示透明蒙层，防止触摸穿透
success	function		否	接口调用成功的回调函数
fail	function		否	接口调用失败的回调函数
complete	function		否	接口调用结束的回调函数

示例代码如下。

```
1.  wx.showToast({
2.    title: '成功',
3.    icon: 'success',
4.    duration: 2000
5.  })
```

2. 显示模态对话框

方法为 wx.showModal(Object object)，显示模态对话框。

显示模态对话框参数说明见表 7-38。

表 7-38 显示模态对话框参数说明

属性	类型	默认值	必填	说明
title	string		是	提示的标题
content	string		是	提示的内容
showCancel	boolean	true	否	是否显示取消按钮
cancelText	string	'取消'	否	取消按钮的文字，最多 4 个字符
cancelColor	string	#000000	否	取消按钮的文字颜色，必须是十六进制格式的颜色字符串

续表

属性	类型	默认值	必填	说明
confirmText	string	'确定'	否	确认按钮的文字，最多 4 个字符
confirmColor	string	#576B95	否	确认按钮的文字颜色，必须是十六进制格式的颜色字符串
success	function		否	接口调用成功的回调函数
fail	function		否	接口调用失败的回调函数
complete	function		否	接口调用结束的回调函数

示例代码如下。

```
1.  wx.showModal({
2.    title: '提示',
3.    content: '这是一个模态弹窗',
4.    success (res) {
5.      if (res.confirm) {
6.        console.log('用户单击确定')
7.      } else if (res.cancel) {
8.        console.log('用户单击取消')
9.      }
10.   }
11. })
```

3. 显示加载提示框

方法为 wx.showLoading(Object object)，显示加载提示框。需主动调用 wx.hideLoading 才能关闭提示框。从基础库 1.1.0 开始支持，低版本需做兼容处理。

显示加载提示框参数说明见表 7-39。

表 7-39 显示加载提示框参数说明

属性	类型	默认值	必填	说明
title	string		是	提示的内容
mask	boolean	false	否	是否显示透明蒙层，防止触摸穿透
success	function		否	接口调用成功的回调函数
fail	function		否	接口调用失败的回调函数
complete	function		否	接口调用结束的回调函数

示例代码如下。

```
1.  wx.showLoading({
2.    title: '加载中',
3.  })
```

```
4.  setTimeout(function () {
5.    wx.hideLoading()
6.  }, 2000)
```

4. 显示操作菜单

方法为 wx.showActionSheet(Object object)，显示操作菜单。

显示操作菜单参数说明见表 7-40。

表 7-40　显示操作菜单参数说明

属性	类型	默认值	必填	说明
itemList	Array.<string>		是	按钮的文字数组，数组长度最大为 6
itemColor	string	#000000	否	按钮的文字颜色
success	function		否	接口调用成功的回调函数
fail	function		否	接口调用失败的回调函数
complete	function		否	接口调用结束的回调函数

示例代码如下。

```
1.  wx.showActionSheet({
2.    itemList: ['A', 'B', 'C'],
3.    success (res) {
4.      console.log(res.tapIndex)
5.    },
6.    fail (res) {
7.      console.log(res.errMsg)
8.    }
9.  })
```

需要注意的是，在 Android 6.7.2 以下版本，单击取消或蒙层时，回调 fail 方法，errMsg 为"fail cancel"；在 Android 6.7.2 及以上版本和 iOS 单击蒙层不会关闭模态弹窗，所以尽量避免使用“取消”分支实现业务逻辑。

5. 隐藏消息提示框

方法为 wx.hideToast(Object object)，隐藏消息提示框。

隐藏消息提示框参数说明见表 7-41。

表 7-41　隐藏消息提示框参数说明

属性	类型	默认值	必填	说明
success	function		否	接口调用成功的回调函数
fail	function		否	接口调用失败的回调函数
complete	function		否	接口调用结束的回调函数

6. 隐藏加载提示框

方法为 wx.hideLoading(Object object)，隐藏加载提示框。从基础库 1.1.0 开始支持，低版本需做兼容处理。

隐藏加载提示框参数说明见表 7-42。

表 7-42 隐藏加载提示框参数说明

属性	类型	默认值	必填	说明
success	function		否	接口调用成功的回调函数
fail	function		否	接口调用失败的回调函数
complete	function		否	接口调用结束的回调函数

7.7.2 设置导航相关

设置导航相关的 API 主要有设置导航标题、设置导航条颜色、显示导航条动画和隐藏导航条动画 4 个 API，具体方法如下。

1. 设置导航标题

方法为 wx.setNavigationBarTitle(Object object)，动态设置当前页面的标题。

设置导航标题参数说明见表 7-43。

表 7-43 设置导航标题参数说明

属性	类型	默认值	必填	说明
title	string		是	页面标题
success	function		否	接口调用成功的回调函数
fail	function		否	接口调用失败的回调函数
complete	function		否	接口调用结束的回调函数

示例代码如下。

```
1.  wx.setNavigationBarTitle({
2.    title: '当前页面'
3.  })
```

2. 设置导航条颜色

方法为 wx.setNavigationBarColor(Object object)，设置页面导航条颜色。从基础库 1.4.0 开始支持，低版本需做兼容处理。

设置导航条颜色参数说明见表 7-44。

表 7-44 设置导航条颜色参数说明

属性	类型	默认值	必填	说明
frontColor	string		是	前景颜色值，包括按钮、标题、状态栏的颜色，仅支持#ffffff 和#000000

续表

属性	类型	默认值	必填	说明
backgroundColor	string		是	背景颜色值，有效值为十六进制颜色
animation	Object		是	动画效果
success	function		否	接口调用成功的回调函数
fail	function		否	接口调用失败的回调函数
complete	function		否	接口调用结束的回调函数

示例代码如下。

```
1.  wx.setNavigationBarColor({
2.    frontColor: '#ffffff',
3.    backgroundColor: '#ff0000',
4.    animation: {
5.      duration: 400,
6.      timingFunc: 'easeIn'
7.    }
8.  })
```

3. 显示导航条动画

方法为 wx.showNavigationBarLoading(Object object)，在当前页面显示导航条加载动画。

显示导航条动画参数说明见表 7-45。

表 7-45　显示导航条动画参数说明

属性	类型	默认值	必填	说明
success	function		否	接口调用成功的回调函数
fail	function		否	接口调用失败的回调函数
complete	function		否	接口调用结束的回调函数

4. 隐藏导航条动画

方法为 wx.hideNavigationBarLoading(Object object)，在当前页面隐藏导航条加载动画。

隐藏导航条动画参数说明见表 7-46。

表 7-46　隐藏导航条动画参数说明

属性	类型	默认值	必填	说明
success	function		否	接口调用成功的回调函数
fail	function		否	接口调用失败的回调函数
complete	function		否	接口调用结束的回调函数

7.7.3 设置窗口背景

设置窗口背景 API 主要有设置背景字体样式和设置窗口背景色两个方法，具体方法如下。

1. 设置背景字体样式

方法为 wx.setBackgroundTextStyle(Object object)，动态设置背景字体、loading 图的样式。从基础库 2.1.0 开始支持，低版本需做兼容处理。

设置背景字体样式参数说明见表 7-47。

表 7-47 设置背景字体样式参数说明

属性	类型	默认值	必填	说明
textStyle	string		是	背景字体、loading 图的样式
success	function		否	接口调用成功的回调函数
fail	function		否	接口调用失败的回调函数
complete	function		否	接口调用结束的回调函数

示例代码如下。

```
1.  wx.setBackgroundTextStyle({
2.    textStyle: 'dark' // 背景字体、loading 图的样式为 dark
3.  })
```

2. 设置窗口背景色

方法为 wx.setBackgroundColor(Object object)，动态设置窗口的背景色。从基础库 2.1.0 开始支持，低版本需做兼容处理。

设置窗口背景色参数说明见表 7-48。

表 7-48 设置窗口背景色参数说明

属性	类型	必填	说明
backgroundColor	string	否	窗口的背景色，必须为十六进制颜色值
backgroundColorTop	string	否	顶部窗口的背景色，必须为十六进制颜色值，仅 iOS 支持
backgroundColorBottom	string	否	底部窗口的背景色，必须为十六进制颜色值，仅 iOS 支持
success	function	否	接口调用成功的回调函数
fail	function	否	接口调用失败的回调函数
complete	function	否	接口调用结束的回调函数

示例代码如下。

```
1.  wx.setBackgroundColor({
2.    backgroundColor: '#ffffff', // 窗口的背景色为白色
3.  })
4.  wx.setBackgroundColor({
5.    backgroundColorTop: '#ffffff', // 顶部窗口的背景色为白色
6.    backgroundColorBottom: '#ffffff', // 底部窗口的背景色为白色
7.  })
```

7.7.4 动画

创建动画实例，方法为 Animation wx.createAnimation(Object object)，返回一个动画实例 Animation，以调用实例的方法来描述动画，最后通过动画实例的 export 方法导出动画数据，并传递给组件的 animation 属性。

创建动画实例参数说明见表 7-49。

表 7-49　创建动画实例参数说明

属性	类型	默认值	必填	说明
duration	number	400	否	动画持续时间（单位：ms）
timingFunction	string	'linear'	否	动画的效果
delay	number	0	否	动画延迟时间（单位：ms）
transformOrigin	string	'50% 50% 0'	否	

下面介绍下 Animation 动画对象，它有一系列的方法。

1. 导出动画队列

方法为 Array.<Object> Animation.export()，此方法在每次调用后会清除之前的动画操作。

2. 一组动画完成

方法为 Animation Animation.step(Object object)，可以在一组动画中调用任意多个动画方法，一组动画中的所有动画会同时开始，一组动画完成后才会进行下一组动画。

3. 坐标变换

坐标变换主要是指对坐标进行变换操作，如旋转角度、缩放、倾斜、平移变换等，坐标变换方法说明见表 7-50。

表 7-50　坐标变换方法说明

方法	说明
Animation Animation.rotate(number angle)	从原点顺时针旋转一个角度
Animation Animation.rotate3d(number x, number y, number z, number angle)	从 *X*、*Y*、*Z* 轴顺时针旋转一个角度
Animation Animation.rotateX(number angle)	从 *X* 轴顺时针旋转一个角度
Animation Animation.rotateY(number angle)	从 *Y* 轴顺时针旋转一个角度

续表

方法	说明
Animation Animation.rotateZ(number angle)	从 Z 轴顺时针旋转一个角度
Animation Animation.scale(number sx, number sy)	缩放
Animation Animation.scale3d(number sx, number sy, number sz)	三维缩放
Animation Animation.scaleX(number scale)	缩放 X 轴
Animation Animation.scaleY(number scale)	缩放 Y 轴
Animation Animation.scaleZ(number scale)	缩放 Z 轴
Animation Animation.skew(number ax, number ay)	对 X、Y 轴坐标进行倾斜
Animation Animation.skewX(number angle)	对 X 轴坐标进行倾斜
Animation Animation.skewY(number angle)	对 Y 轴坐标进行倾斜
Animation Animation.translate(number tx, number ty)	平移变换
Animation Animation.translate3d(number tx, number ty, number tz)	对 X、Y、Z 坐标进行平移变换
Animation Animation.translateX(number translation)	对 X 轴平移
Animation Animation.translateY(number translation)	对 Y 轴平移
Animation Animation.translateZ(number translation)	对 Z 轴平移

4. 设置值

设置值主要是对动画的一些属性进行设置，主要包括透明度、背景色、宽度、高度、相应的上下左右的值的设置，见表 7-51。

表 7-51　动画属性设置值说明

方法	说明
Animation Animation.opacity(number value)	设置透明度
Animation Animation.backgroundColor(string value)	设置背景色
Animation Animation.width(number|string value)	设置宽度
Animation Animation.height(number|string value)	设置高度
Animation Animation.left(number|string value)	设置 left 值
Animation Animation.right(number|string value)	设置 right 值
Animation Animation.top(number|string value)	设置 top 值
Animation Animation.bottom(number|string value)	设置 bottom 值

示例代码如下。

```
1.  <view animation="{{animationData}}" style="background:red;height:100
    rpx;width:100rpx"></view>
```

```
2.  Page({
3.    data: {
4.      animationData: {}
5.    },
6.    onShow: function(){
7.      var animation = wx.createAnimation({
8.        duration: 1000,
9.        timingFunction: 'ease',
10.     })
11.     this.animation = animation
12.     animation.scale(2,2).rotate(45).step()
13.     this.setData({
14.       animationData:animation.export()
15.     })
16.     setTimeout(function() {
17.       animation.translate(30).step()
18.       this.setData({
19.         animationData:animation.export()
20.       })
21.     }.bind(this), 1000)
22.   },
23.   rotateAndScale: function () {
24.     // 旋转的同时放大
25.     this.animation.rotate(45).scale(2, 2).step()
26.     this.setData({
27.       animationData: this.animation.export()
28.     })
29.   },
30.   rotateThenScale: function () {
31.     // 先旋转后放大
32.     this.animation.rotate(45).step()
33.     this.animation.scale(2, 2).step()
34.     this.setData({
35.       animationData: this.animation.export()
36.     })
37.   },
38.   rotateAndScaleThenTranslate: function () {
39.     // 先旋转并放大，然后平移
40.     this.animation.rotate(45).scale(2, 2).step()
41.     this.animation.translate(100, 100).step({ duration: 1000 })
42.     this.setData({
```

```
43.         animationData: this.animation.export()
44.       })
45.     }
46. })
```

7.7.5 其他 API

其他 API 主要列举了常用的一些 API，包括监听键盘高度变化、获取光标位置、监听窗口尺寸变化、取消监听窗口尺寸变化和设置置顶栏文字 5 个 API 方法。

1. 监听键盘高度变化

方法为 wx.onKeyboardHeightChange(callback function)，监听键盘高度变化，参数为回调函数。从基础库 2.7.0 开始支持，低版本需做兼容处理。

示例代码如下。

```
1.  wx.onKeyboardHeightChange(res => {
2.    console.log(res.height)
3.  })
```

2. 获取光标位置

wx.getSelectedTextRange(callback function)，在 input、textarea 等焦点之后，获取输入框的光标位置，参数为回调函数，另外只有在获取焦点的时候调用此接口才有效。从基础库 2.7.0 开始支持，低版本需做兼容处理。

示例代码如下。

```
1.  wx.getSelectedTextRange({
2.    complete: res => {
3.      console.log(res.height)
4.    }
5.  })
```

3. 监听窗口尺寸变化

方法为 wx.onWindowResize(function callback)，监听窗口尺寸变化事件，参数为回调函数。从基础库 2.3.0 开始支持，低版本需做兼容处理。

4. 取消监听窗口尺寸变化

方法为 wx.offWindowResize(function callback)，取消监听窗口尺寸变化事件，参数为回调函数。从基础库 2.3.0 开始支持，低版本需做兼容处理。

5. 设置置顶栏文字

方法为 wx.setTopBarText(Object object)，动态设置置顶栏文字内容。只有当前小程序被置顶时生效，如果当前小程序没有被置顶，也能调用成功，但是不会立即生效，只有在用户将这个小程序置顶后才变为设置的文字内容。从基础库 1.4.3 开始支持，低版本需做兼容处理。从基础库 1.9.9 开始，本接口停止维护。

设置置顶栏文字参数说明见表 7-52。

表 7-52　设置置顶栏文字参数说明

属性	类型	默认值	必填	说明
text	Object		是	置顶栏文字
success	function		否	接口调用成功的回调函数
fail	function		否	接口调用失败的回调函数
complete	function		否	接口调用结束的回调函数

示例代码如下。

```
1.  wx.setTopBarText({
2.    text: 'hello, world!'
3.  })
```

需要注意的是，调用成功后，需间隔 5s 才能再次调用此接口，如果在 5s 内再次调用此接口，会回调 fail 方法，返回结果为 errMsg:"setTopBarText: fail invoke too frequently"。

7.8 开放 API

开放 API 就是开放应用程序编程接口，是微信小程序对外开放能够调用微信小程序数据的方法，主要包括登录、授权、用户信息、卡券、发票、微信支付、小程序跳转和其他与开放相关的 API。

7.8.1　登录、授权

登录、授权主要从登录、登录检查和发起授权三个方面介绍，具体如下。

1．登录

方法为 wx.login(Object object)，调用接口获取登录凭证（code）。通过凭证进而获取用户登录态信息，包括用户的唯一标识（openid）及本次登录的会话密钥（session_key）等。用户数据的加密、解密通信需要依赖会话密钥完成。

登录参数说明见表 7-53。

表 7-53　登录参数说明

属性	类型	默认值	必填	说明
timeout	number		否	超时时间（单位：ms）
success	function		否	接口调用成功的回调函数
fail	function		否	接口调用失败的回调函数
complete	function		否	接口调用结束的回调函数

示例代码如下。

```
1.  wx.login({
2.    success (res) {
3.      if (res.code) {
```

```
4.         //发起网络请求
5.         wx.request({
6.           url: 'https://test.com/onLogin',
7.           data: {
8.             code: res.code
9.           }
10.        })
11.      } else {
12.        console.log('登录失败！' + res.errMsg)
13.      }
14.    }
15. })
```

2. 登录检查

方法为 wx.checkSession(Object object)，检查登录态是否过期。通过 wx.login 接口获得的用户登录态具有一定的时效性。用户未使用小程序时间越久，用户登录态越有可能失效。反之，如果用户一直在使用小程序，则用户登录态一直保持有效。具体时效逻辑由微信维护，对开发者透明。开发者只需要调用 wx.checkSession 接口即可检测当前用户登录态是否有效。

登录态过期后开发者可以再调用 wx.login 获取新的用户登录态。调用成功说明当前 session_key 未过期，调用失败说明 session_key 已过期。

检查登录参数说明见表 7-54。

表 7-54　检查登录参数说明

属性	类型	默认值	必填	说明
success	function		否	接口调用成功的回调函数
fail	function		否	接口调用失败的回调函数
complete	function		否	接口调用结束的回调函数

示例代码如下。

```
1. wx.checkSession({
2.   success () {
3.     //session_key 未过期，并且在本生命周期一直有效
4.   },
5.   fail () {
6.     // session_key 已经失效，需要重新执行登录流程
7.     wx.login() //重新登录
8.   }
9. })
```

3. 发起授权

方法为 wx.authorize(Object object)，提前向用户发起授权请求。调用后会立刻弹窗询问

用户是否同意授权小程序使用某项功能或获取用户的某些数据，但不会实际调用对应接口。如果用户之前已经同意授权，则不会出现弹窗，直接返回成功。从基础库 1.2.0 开始支持，低版本需做兼容处理。

发起授权参数说明见表 7-55。

表 7-55　发起授权参数说明

属性	类型	默认值	必填	说明
scope	string		是	需要获取权限的 scope，详见 scope 列表
success	function		否	接口调用成功的回调函数
fail	function		否	接口调用失败的回调函数
complete	function		否	接口调用结束的回调函数

示例代码如下。

```
1.  // 可以通过 wx.getSetting 先查询一下用户是否授权了 scope.record
2.  wx.getSetting({
3.    success(res) {
4.      if (!res.authSetting['scope.record']) {
5.        wx.authorize({
6.          scope: 'scope.record',
7.          success () {
8.            // 用户已经同意小程序使用录音功能，后续调用 wx.startRecord 接口不会
              弹窗询问
9.            wx.startRecord()
10.         }
11.       })
12.     }
13.   }
14. })
```

7.8.2　用户信息

用户信息 API 包括两个方法，分别是获取用户信息和获取当前账号信息，但不能对用户信息或账号信息进行修改，具体方法如下。

1. 获取用户信息

方法为 wx.getUserInfo(Object object)，获取用户信息。调用前需要用户授权 scope.userInfo。当参数 withCredentials 为 true 时，要求此前有调用过 wx.login 且登录态尚未过期，此时返回的数据会包含 encryptedData、iv 等敏感信息；当 withCredentials 为 false 时，不要求有登录态，返回的数据不包含 encryptedData、iv 等敏感信息。

获取用户信息参数说明见表 7-56。

表 7-56 获取用户信息参数说明

属性	类型	默认值	必填	说明
withCredentials	boolean		否	是否包含登录态信息
lang	string	en	否	显示用户信息的语言
success	function		否	接口调用成功的回调函数
fail	function		否	接口调用失败的回调函数
complete	function		否	接口调用结束的回调函数

在用户未授权的情况下调用此接口，将不再出现授权弹窗，会直接进入 fail 回调。在用户已授权的情况下调用此接口，可成功获取用户信息。

示例代码如下。

```
1.  // 必须是在用户已经授权的情况下调用
2.  wx.getUserInfo({
3.    success: function(res) {
4.      var userInfo = res.userInfo
5.      var nickName = userInfo.nickName
6.      var avatarUrl = userInfo.avatarUrl
7.      var gender = userInfo.gender //性别 0：未知、1：男、2：女
8.      var province = userInfo.province
9.      var city = userInfo.city
10.     var country = userInfo.country
11.   }
12. })
```

微信小程序使用对称加解密算法来传递敏感数据，需要对接口返回的加密算法进行对称解密。获取的开放数据为以下 JSON 结构。

```
1.  {
2.    "openId": "OPENID",
3.    "nickName": "NICKNAME",
4.    "gender": GENDER,
5.    "city": "CITY",
6.    "province": "PROVINCE",
7.    "country": "COUNTRY",
8.    "avatarUrl": "AVATARURL",
9.    "unionId": "UNIONID",
10.   "watermark": {
11.     "appid":"APPID",
12.     "timestamp":TIMESTAMP
13.   }
14. }
```

小程序用户信息组件示例代码如下。

```
1.  <!-- 如果只是展示用户头像昵称，可以使用 <open-data /> 组件 -->
2.  <open-data type="userAvatarUrl"></open-data>
3.  <open-data type="userNickName"></open-data>
4.  <!-- 需要使用 button 来授权登录 -->
5.  <button wx:if="{{canIUse}}" open-type="getUserInfo" bindgetuserinfo=
    "bindGetUserInfo">授权登录</button>
6.  <view wx:else>请升级微信版本</view>
7.  Page({
8.    data: {
9.      canIUse: wx.canIUse('button.open-type.getUserInfo')
10.   },
11.   onLoad: function() {
12.     // 查看是否授权
13.     wx.getSetting({
14.       success (res){
15.         if (res.authSetting['scope.userInfo']) {
16.           // 已经授权，可以直接调用 getUserInfo 获取头像昵称
17.           wx.getUserInfo({
18.             success: function(res) {
19.               console.log(res.userInfo)
20.             }
21.           })
22.         }
23.       }
24.     })
25.   },
26.   bindGetUserInfo (e) {
27.     console.log(e.detail.userInfo)
28.   }
29. })
```

2. 获取当前账号信息

方法为 Object wx.getAccountInfoSync()，获取当前账号信息。从基础库 2.2.2 开始支持，低版本需做兼容处理。

获取当前账号信息参数说明见表 7-57。

表 7-57　获取当前账号信息参数说明

属性	类型	默认值	必填	说明
miniProgram	Object			小程序账号信息
plugin	Object			插件账号信息（仅在插件被调用时包含）

7.8.3　卡券、发票

卡券和发票 API 主要包括查看卡券、添加卡券、选择发票抬头和选择发票 4 个方法，具体方法如下。

1. 查看卡券

方法为 wx.openCard(Object object)，查看微信卡包中的卡券。只有通过认证的小程序或文化互动类目的小游戏才能使用。从基础库 1.1.0 开始支持，低版本需做兼容处理。

查看卡券参数说明如表 7-58 所示。

表 7-58　查看卡券参数说明

属性	类型	默认值	必填	说明
cardList	Array.<Object>		是	需要打开的卡券列表
success	function		否	接口调用成功的回调函数
fail	function		否	接口调用失败的回调函数
complete	function		否	接口调用结束的回调函数

示例代码如下。

```
1.  wx.openCard({
2.    cardList: [{
3.      cardId: '',
4.      code: ''
5.    }, {
6.      cardId: '',
7.      code: ''
8.    }],
9.    success (res) { }
10. })
```

2. 添加卡券

方法为 wx.addCard(Object object)，批量添加卡券。只有通过认证的小程序或文化互动类目的小游戏才能使用。从基础库 1.1.0 开始支持，低版本需做兼容处理。

添加卡券参数说明见表 7-59。

表 7-59　添加卡券参数说明

属性	类型	默认值	必填	说明
cardList	Array.<Object>		是	需要添加的卡券列表
success	function		否	接口调用成功的回调函数
fail	function		否	接口调用失败的回调函数
complete	function		否	接口调用结束的回调函数

示例代码如下。

```
1.  wx.addCard({
2.    cardList: [
3.      {
4.        cardId: '',
5.        cardExt: '{"code": "", "openid": "", "timestamp": "", "signature":""}'
6.      }, {
7.        cardId: '',
8.        cardExt: '{"code": "", "openid": "", "timestamp": "", "signature":""}'
9.      }
10.   ],
11.   success (res) {
12.     console.log(res.cardList) // 卡券添加结果
13.   }
14. })
```

3. 选择发票抬头

方法为 wx.chooseInvoiceTitle(Object object)，选择用户的发票抬头。调用前需要用户授权 scope.invoiceTitle。当前小程序必须关联一个完成了微信认证的公众号，才能调用 chooseInvoiceTitle。从基础库 1.5.0 开始支持，低版本需做兼容处理。

选择发票抬头参数说明见表 7-60。

表 7-60 选择发票抬头参数说明

属性	类型	默认值	必填	说明
success	function		否	接口调用成功的回调函数
fail	function		否	接口调用失败的回调函数
complete	function		否	接口调用结束的回调函数

示例代码如下。

```
1.  wx.chooseInvoiceTitle({
2.    success(res) {}
3.  })
```

4. 选择发票

方法为 wx.chooseInvoice(Object object)，选择用户已有的发票。调用前需要用户授权 scope.invoice。从基础库 2.3.0 开始支持，低版本需做兼容处理。

选择发票参数说明见表 7-61。

表 7-61 选择发票参数说明

属性	类型	默认值	必填	说明
success	function		否	接口调用成功的回调函数

续表

属性	类型	默认值	必填	说明
fail	function		否	接口调用失败的回调函数
complete	function		否	接口调用结束的回调函数

在 success 回调函数中，用户选中的发票信息的格式为一个 JSON 字符串，包含三个字段，依次为 card_id、encrypt_code、app_id，分别对应的是所选发票的 cardId、所选发票的加密 code、发票方的 appId，报销方可以通过 cardId 和 encryptCode 获得报销发票的信息。

7.8.4　微信支付

方法为 wx.requestPayment(Object object)，发起微信支付。

微信支付参数说明见表 7-62。

表 7-62　微信支付参数说明

属性	类型	默认值	必填	说明
timeStamp	string		是	时间戳，从 1970 年 1 月 1 日 00:00:00 至今的秒数，即当前的时间
nonceStr	string		是	随机字符串，长度为 32 个字符以下
package	string		是	统一下单接口返回的 prepay_id 参数值，提交格式为：prepay_id=***
signType	string	MD5	否	签名算法
paySign	string		是	签名，具体签名方案参见小程序支付接口文档
success	function		否	接口调用成功的回调函数
fail	function		否	接口调用失败的回调函数
complete	function		否	接口调用结束的回调函数

示例代码如下。

```
1. wx.requestPayment({
2.   timeStamp: '',
3.   nonceStr: '',
4.   package: '',
5.   signType: 'MD5',
6.   paySign: '',
7.   success (res) { },
8.   fail (res) { }
9. })
```

7.8.5 小程序跳转

小程序跳转 API 包括打开另一个小程序和返回上一个小程序两个方法，具体方法如下。

1. 打开另一个小程序

方法为 wx.navigateToMiniProgram(Object object)，打开另一个小程序。从基础库 1.3.0 开始支持，低版本需做兼容处理。

打开另一个小程序参数说明见表 7-63。

表 7-63 打开另一个小程序参数说明

属性	类型	默认值	必填	说明
appId	string		是	要打开的小程序 appId
path	string		否	打开的页面路径
extraData	object		否	需要传递给目标小程序的数据
envVersion	string	release	否	要打开的小程序版本。
success	function		否	接口调用成功的回调函数
fail	function		否	接口调用失败的回调函数
complete	function		否	接口调用结束的回调函数

如果 path 参数为空则打开首页。path 中“?”后面的部分会成为 query，在小程序的 App.onLaunch、App.onShow 和 Page.onLoad 的回调函数或小游戏的 wx.onShow、wx.getLaunchOptionsSync 中可以获取 query 数据。对于小游戏，可以只传入 query 部分，来实现传参，如传入"?foo=bar"。extraData 参数数据可在目标小程序的 App.onLaunch、App.onShow 中获取。如果跳转的是小游戏，可以在 wx.onShow、wx.getLaunchOptionsSync 中获取这份数据。仅当当前小程序为开发版或体验版时，此参数有效。如果当前小程序是正式版，则打开的小程序必定是正式版。

需要注意的是，打开另一个小程序，需要用户触发跳转。从 2.3.0 版本开始，若用户未单击小程序页面任意位置，则开发者将无法调用此接口自动跳转至其他小程序。另外，需要用户确认跳转，从 2.3.0 版本开始，在跳转至其他小程序前，将统一增加弹窗，询问是否跳转，用户确认后才可以跳转至其他小程序。如果用户单击取消，则回调 fail cancel。

每个小程序可跳转的其他小程序数量不超过 10 个。从 2.4.0 版本及指定日期开始，开发者提交新版小程序代码时，如使用了跳转至其他小程序功能，需要在代码配置中声明将要跳转的小程序名单，限定不超过 10 个，否则将无法通过审核。该名单可在发布新版时更新，不支持动态修改。配置方法详见小程序全局配置。调用此接口时，所跳转的 appId 必须在配置列表中，否则回调 fail appId "${appId}" is not in navigateToMiniProgramAppIdList。

示例代码如下。

```
1.  wx.navigateToMiniProgram({
2.    appId: '',
3.    path: 'page/index/index?id=123',
```

```
4.     extraData: {
5.       foo: 'bar'
6.     },
7.     envVersion: 'develop',
8.     success(res) {
9.       // 打开成功
10.    }
11. })
```

2. 返回上一个小程序

方法为 wx.navigateBackMiniProgram(Object object)，返回上一个小程序。只有在当前小程序是被其他小程序打开时可以调用成功，微信客户端 iOS 6.5.9，Android 6.5.10 及以上版本支持。从基础库 1.3.0 开始支持，低版本需做兼容处理。

返回上一个小程序参数说明见表 7-64。

表 7-64　返回上一个小程序参数说明

属性	类型	默认值	必填	说明
extraData	object		否	需要传递给目标小程序的数据
success	function		否	接口调用成功的回调函数
fail	function		否	接口调用失败的回调函数
complete	function		否	接口调用结束的回调函数

示例代码如下。

```
1.  wx.navigateBackMiniProgram({
2.    extraData: {
3.    foo: 'bar'
4.  },
5.  success(res) {
6.    // 返回成功
7.  }
8.  })
```

7.8.6　其他 API

开放的其他 API 这里主要列举两个，分别为打开小程序设置界面和获取用户设置，这两个 API 在小程序开发过程中经常使用到。

1. 打开小程序设置界面

方法为 wx.openSetting(Object object)，调起客户端小程序设置界面，返回用户设置的操作结果。设置界面只会出现小程序已经向用户请求过的权限，从 2.3.0 版本开始，用户发生单击行为后，才可以跳转至打开设置页，管理授权信息。从基础库 1.1.0 开始支持，低版本需做兼容处理。

打开小程序设置界面参数说明见表 7-65。

表 7-65　打开小程序设置界面参数说明

属性	类型	默认值	必填	说明
success	function		否	接口调用成功的回调函数
fail	function		否	接口调用失败的回调函数
complete	function		否	接口调用结束的回调函数

示例代码如下。

```
1.  wx.openSetting({
2.    success (res) {
3.      console.log(res.authSetting)
4.      // res.authSetting = {
5.      //   "scope.userInfo": true,
6.      //   "scope.userLocation": true
7.      // }
8.    }
9.  })
```

2. 获取用户设置

方法为 wx.getSetting(Object object)，获取用户的当前设置。返回值中只会出现小程序已经向用户请求过的权限。从基础库 1.2.0 开始支持，低版本需做兼容处理。

获取用户设置参数说明见表 7-66。

表 7-66　获取用户设置参数说明

属性	类型	默认值	必填	说明
success	function		否	接口调用成功的回调函数
fail	function		否	接口调用失败的回调函数
complete	function		否	接口调用结束的回调函数

示例代码如下。

```
1.  wx.getSetting({
2.    success (res) {
3.      console.log(res.authSetting)
4.      // res.authSetting = {
5.      //   "scope.userInfo": true,
6.      //   "scope.userLocation": true
7.      // }
8.    }
9.  })
```

返回结果是一个 AuthSetting 对象，是用户授权设置信息，主要属性见表 7-67。

表 7-67 AuthSetting 属性说明

属性名	说明
boolean scope.userInfo	是否授权用户信息
boolean scope.userLocation	是否授权地理位置
boolean scope.address	是否授权通信地址
boolean scope.invoiceTitle	是否授权发票抬头
boolean scope.invoice	是否授权获取发票
boolean scope.werun	是否授权微信运动步数
boolean scope.record	是否授权录音功能
boolean scope.writePhotosAlbum	是否授权保存到相册
boolean scope.camera	是否授权摄像头

7.9 本章小结

本章重点介绍了微信小程序的 API，分别对网络 API、媒体 API、文件 API、数据 API、位置 API、设备 API、界面 API 和开放 API 作了详细介绍，内容相对比较多，但都是一些常用的 API，在小程序开发中应用比较广泛。通过本章的学习，读者应掌握常用 API 的调用方法，同时也要学会熟练使用官方的标准文档。

第8章　人脸识别应用实例

学习目标

- 了解人脸识别的概念。
- 了解腾讯云 API 的调用方法
- 熟悉微信小程序应用的开发流程

微信小程序应用范围非常广，其可以在交通、金融、生活等方面提供服务，也可以实现人工智能娱乐的服务，本章以校企合作企业重庆景辉煜阳科技有限公司的实战项目为基础简化而来，实现 AI 人脸识别，系统地介绍人工智能类应用的开发流程与实现过程。此类小程序需要借助第三方平台的 AI 接口，这里使用的是腾讯云的人脸识别接口。腾讯云是腾讯倾力打造的云计算品牌，以卓越的科技能力助力各行各业数字化转型，为全球客户提供领先的云计算、大数据、人工智能服务，以及定制化行业解决方案。腾讯云中每一大类的内容都相当丰富，有大量的服务或产品可以使用。本章使用的 API 是产品大类人工智能模块中人脸识别的服务，此服务在非商业运作情况下一个月可以免费调用接口 10 000 次。

本应用实例开发的流程为：首先，建立微信小程序的开发项目；然后，调用移动设备拍照或选取相册中的照片，将人脸照片上传识别后将人的性别、年龄等数据呈现给用户；也可以对人脸的五官在线定位，同时也可以选择其他人物特定形象进行人脸融合，得到一张带有特定人脸特征风格的模特脸。

8.1 人脸识别接口

在使用人脸识别接口之前，需要先了解如何登录腾讯云，如何查找接口数据，同时需要了解如何使用接口来获取想要的数据。

8.1.1 腾讯云人脸识别

使用微信账号即可登录腾讯云官网，如图 8-1 所示，登录之后找到“产品”中的“人工智能”菜单，在子菜单中选择“人脸识别”，也可以在上方的搜索框中搜索“人脸识别”，在结果中打开人脸识别的应用接口。

搜索到人脸识别后，单击“人脸识别”链接可以看到人脸识别的页面，如图 8-2 所示。单击“立即使用”按钮，即进入人脸识别控制台，普通用户每个月可以免费使用所有的 API

10 000 次，这完全可以满足我们项目的需要。人脸识别服务有很多功能，包括人员库管理、人脸搜索、人脸验证、人脸检测与分析、人脸对比、五官定位和人脸静态活体检测等，此实例主要使用的是人脸检测与分析和五官定位的功能。

图 8-1　腾讯云网站

图 8-2　人脸识别页面

此实例还使用了人脸融合的功能接口，它是腾讯云智能图像中的一个子功能，查找时只需要搜索“智能图像”，然后单击“立即使用”按钮即可，或者直接搜索“人脸融合”，创建活动即可以使用，一个活动 ID 可免费调用的次数是 500 次，可以满足测试需要，如图 8-3 所示。

图 8-3　人脸融合页面

8.1.2 接口使用

首先，访问密钥。在使用腾讯所有接口之前需要生成腾讯云账号的访问密钥，账号登录后，在右上角账号名称上单击，在下拉菜单中选择“访问管理”，页面左侧即“访问管理”菜单，单击“访问密钥”→“API 密钥管理”，如图 8-4 所示。密钥有两个关键的参数，一个是 SecretId，另一个是 SecretKey。查看 SecretKey 需要扫描二维码，人脸识别的接口调用需要完成实名认证。访问密钥推荐使用于项目的密钥控制，可以控制到具体某一个 API 的调用。密钥通过加密计算后放入请求中作为签名信息，具体签名在 API 帮助上有详细说明，作者这里就不再详述。

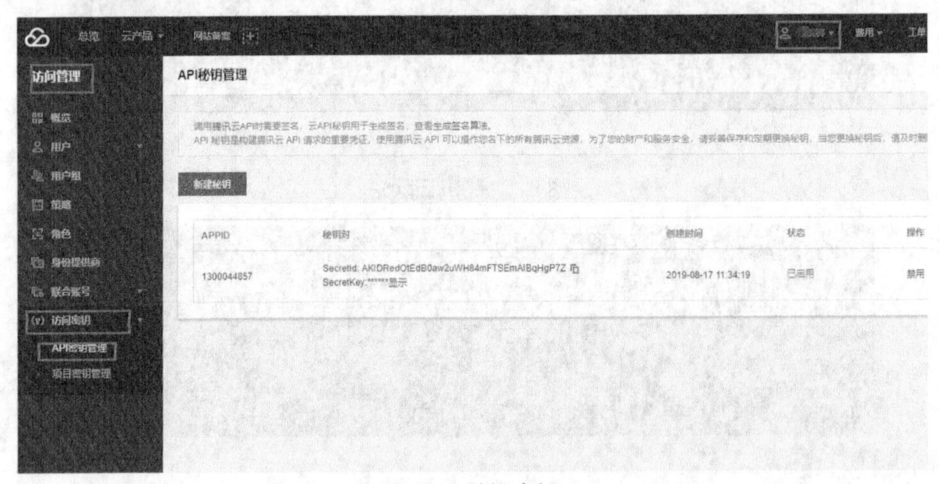

图 8-4　访问密钥

其次，使用接口。可以通过查看接口文档学习使用接口，大多数接口的使用方法类同，这里作者以人脸检测与分析接口为例，介绍如何使用这些接口。如图 8-5 所示，人脸检测与分析接口中每个接口都对应一个名称，可以在腾讯云的文档菜单中查找接口。文档会介绍接口描述、输入参数、输出参数及接口示例。

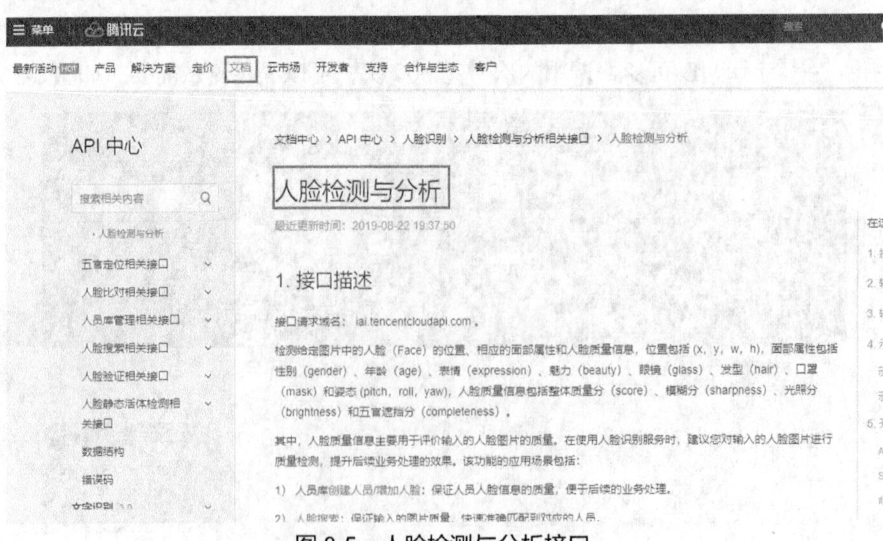

图 8-5　人脸检测与分析接口

开发使用这些接口时，最好先使用腾讯云自带的接口调试工具，在文档下方找到第五部分开发者资源中的 API Explorer，单击“API 3.0 Explorer”链接，页面自动进入此接口的调试界面，如图 8-6 所示。在调试界面输入相应密钥，然后输入对应的参数，不清楚参数时可以单击问号，查看参数说明，然后在“在线调用”标签页直接发送请求来调用此接口，同时在页面上显示返回的内容。如果调用成功，可以选择右边的“代码生成”选项，生成多种语言代码，如 Java、Python、Node.js、PHP 等。

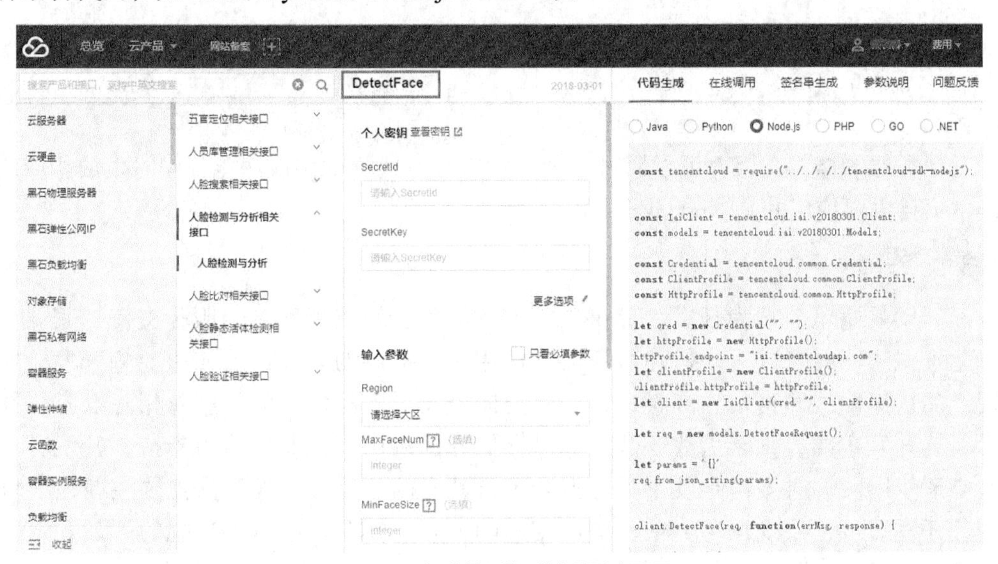

图 8-6　人脸检测与分析调试界面

输入相应的密钥，以及要进行人脸检测的照片 url，将 NeedFaceAttributes 参数设置成 1，即获取脸部的属性后进行调试，同时在右侧“代码生成”页面实时地生成相应的代码，将这个代码稍做修改就可以用作开发代码，以下是 Node.js 的代码。

```
1.  const tencentcloud = require("../../../../tencentcloud-sdk-nodejs");
2.  const IaiClient = tencentcloud.iai.v20180301.Client;
3.  const models = tencentcloud.iai.v20180301.Models;
4.  const Credential = tencentcloud.common.Credential;
5.  const ClientProfile = tencentcloud.common.ClientProfile;
6.  const HttpProfile = tencentcloud.common.HttpProfile;
7.  let cred = new Credential("AKIDRedOtEdB0aw2uWH84mFTSEmAIBqHgP7Z",
    "QbdR0JMCnCLFyShgRxIOFrDKFwOdcMr6");
8.  let httpProfile = new HttpProfile(); httpProfile.endpoint = "iai.
    tencentcloudapi.com";
9.  let clientProfile = new ClientProfile(); clientProfile.httpProfile =
     httpProfile;
10. let client = new IaiClient(cred, "ap-chongqing", clientProfile);
11. let req = new models.DetectFaceRequest();
12. let params = '{"Url":"https://6a7a-jzqcc-0zzec-1259259592.tcb.qcloud.
    la/1566029590955.jpg?sign=e2135b8b9ab8f37fa60fe52a6a9e1ac6&t=1566478987",
```

```
    "NeedFaceAttributes":1}'
13. req.from_json_string(params);
14. client.DetectFace(req, function(errMsg, response) {
15.   if (errMsg)
16.   {
17.     console.log(errMsg);
18.     return;
19.   }
20. console.log(response.to_json_string());
21. });
```

其他类似的接口调用也可以通过这种方式来快速地测试接口功能，同时生成相应的代码，本项目主要使用的是 Node.js 代码。

8.1.3 云开发

云开发是腾讯公司为开发者提供的完整的原生云端支持和微信服务支持，其弱化后端和运维概念，开发者无须搭建服务器，使用平台提供的 API 进行核心业务开发，即可实现产品快速上线和迭代。同时，这一能力同开发者已经使用的云服务相互兼容，并不互斥。云开发主要提供云函数、数据库、存储和云调用 4 大基础能力支持，开发者可以免费申请使用。同时微信开发工具也整合了云开发的项目，开发者只需要在新建项目时选择云开发即可，系统自动为项目增加相应的云开发资源。单击工具栏的“云开发”按钮就可以打开云开发控制台，其中包括运营分析、数据库、存储和云函数 4 个功能模块，如图 8-7 所示。

图 8-7 云开发控制台

开发人员均可以申请使用云开发功能，功能申请开通之后就可以免费使用 2 GB 的数据库存储，5 GB 的存储容量，一个月 5 GB 的 CDN 流量，20 万次云函数调用数以及 40 000GB 的云函数资源使用量。具体使用方法可以参照云开发 API 文档。在小程序中使用云开发，需要对应地完成服务端和客户端的代码，服务端主要是云函数的代码，客户端则是小程序的代码，如调用云存储、云函数等。通过生成的项目也可以清楚地看出这两端的不同。图 8-8 所示是一个云开发项目的项目结构。

图 8-8　云开发项目结构

下面介绍几个常用的 API 方法。

1. 云开发初始化

具体方法为 wx.cloud.init，在调用云开发各个 API 前，需先调用 init 初始化方法一次（全局只需一次，多次调用时只有第一次生效）。

wx.cloud.init 方法的定义如下。

```
function init(options): void
```

wx.cloud.init 方法接收一个可选的 options 参数，方法没有返回值。

2. 调用云函数方法

具体方法为 wx.cloud.callFunction，对应参数说明见表 8-1。

表 8-1　云函数参数说明

参数	类型	必填	说明
name	String	是	云函数名
data	Object	否	传递给云函数的参数
config	Object	否	局部覆写 wx.cloud.init 中定义的全局配置

续表

参数	类型	必填	说明
success	Function	否	接口调用成功的回调函数
fail	Function	否	接口调用失败的回调函数
complete	Function	否	接口调用结束的回调函数

假设已有一个云函数 add，这是一个服务器端的代码，返回两个值的和，示例代码如下。

```
1.  exports.add = (event, context, cb) => {
2.    return event.x + event.y
3.  }
```

在小程序客户端实现对云函数 add 调用的代码如下，此代码为 Callback 风格云函数调用代码，也可以写成 Promise 风格调用。

```
1.  wx.cloud.callFunction({
2.    // 要调用的云函数名称
3.    name: 'add',
4.    // 传递给云函数的参数
5.    data: {
6.      x: 1,
7.      y: 2,
8.    },
9.    success: res => {
10.     // output: res.result === 3
11.   },
12.   fail: err => {
13.     // handle error
14.   },
15.   complete: () => {
16.     // ...
17.   }
18. })
```

3. 云存储上传方法

具体方法为 wx.cloud.uploadFile，将本地资源上传至云存储空间，如果上传至同一路径则覆盖原来的文件。对应参数说明见表 8-2。

表 8-2 云存储上传参数说明

参数	类型	必填	说明
cloudPath	String	是	云存储路径
filePath	Object	是	要上传文件资源的路径

续表

参数	类型	必填	说明
header	Object	否	HTTP 请求 Header，header 中不能设置 Referer
config	Object	否	局部覆写 wx.cloud.init 中定义的全局配置
success	Function	否	接口调用成功的回调函数
fail	Function	否	接口调用失败的回调函数
complete	Function	否	接口调用结束的回调函数

示例代码如下。

```
1.  wx.cloud.uploadFile({
2.    cloudPath: 'example.png',
3.    filePath: '', // 文件路径
4.    success: res => {
5.      // get resource ID
6.      console.log(res.fileID)
7.    },
8.    fail: err => {
9.      // handle error
10.   }
11. })
```

4. 云存储下载方法

具体方法为 wx.cloud.downloadFile，和上传相对应，是从云存储空间下载文件，相应的参数说明见表 8-3。

表 8-3　云存储下载参数说明

参数	类型	必填	说明
fileID	String	是	云文件 ID
config	Object	否	局部覆写 wx.cloud.init 中定义的全局配置
success	Function	否	接口调用成功的回调函数
fail	Function	否	接口调用失败的回调函数
complete	Function	否	接口调用结束的回调函数

示例代码如下。

```
1.  wx.cloud.downloadFile({
2.    fileID: 'a7xzcb',
3.    success: res => {
4.      // get temp file path
5.      console.log(res.tempFilePath)
```

```
6.   },
7.   fail: err => {
8.     // handle error
9.   }
10. })
```

5. 获取云文件链接

具体方法为 wx.cloud.getTempFileURL，用云文件 ID 换取真实链接，可自定义有效期，默认一天且最长不超过一天。一次最多可取 50 个链接。相应的参数说明见表 8-4。

表 8-4　云文件链接地址参数说明

参数	类型	必填	说明
fileID	String[]	是	要换取临时链接的云文件 ID 列表
config	Object	否	局部覆写 wx.cloud.init 中定义的全局配置
success	Function	否	接口调用成功的回调函数
fail	Function	否	接口调用失败的回调函数
complete	Function	否	接口调用结束的回调函数

示例代码如下。

```
1.  wx.cloud.getTempFileURL({
2.    fileList: ['cloud://xxx', 'cloud://yyy'],
3.    success: res => {
4.      // get temp file URL
5.      console.log(res.fileList)
6.    },
7.    fail: err => {
8.      // handle error
9.    }
10. })
```

8.2 功能设计

根据人脸识别的需求可以把人脸识别的过程分为照片上传、人脸检测、五官定位和人脸融合 4 个部分，第一步是上传照片，然后将上传的照片显示在小程序上，之后用户可以通过单击相应的按钮进行人脸检测、五官定位和人脸融合。

8.2.1 照片上传

用户通过扫描二维码或查找找到小程序，打开小程序，用户会看到小程序运行的主界面。用户第一步要做的是上传照片，单击“上传照片”按钮，在屏幕下方出现 3 个选择按钮，分别是拍照、从手机相册中选择和取消。用户根据需要可选择拍照或从手机相册里选择照片进行上传，上传时显示上传进度，如图 8-9 所示。如果单击“取消”按钮，则回到主界面。

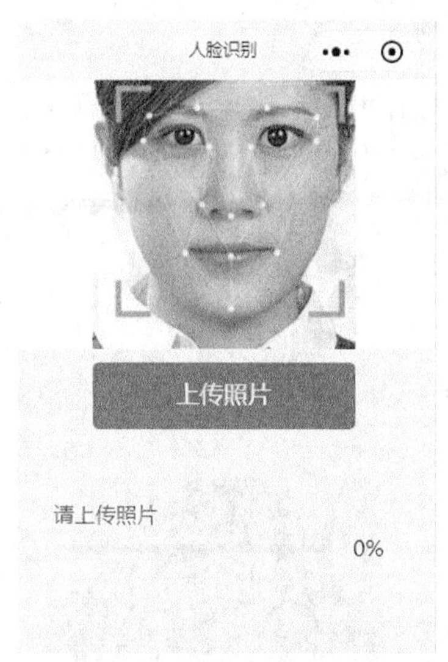

图 8-9　小程序上传照片主界面

8.2.2　人脸检测

用户上传完照片后，该照片显示在程序主界面上，也就是替换原界面上的图片，下方显示可以操作的 3 个按钮，分别是人脸检测、五官定位和人脸融合，如图 8-10 所示。

当用户单击“人脸检测”按钮时，后台会调用云函数的人脸检测方法，按照腾讯云人脸检测 API 调用的要求，将用户上传的照片的数据及其他参数准备齐全，发出调用请求，等待函数返回，返回的数据为 JSON 数据格式。将 JSON 数据解析，取出要使用的数据在按钮下方展示，主要包括性别、年龄、颜值、是否戴眼镜等内容，具体如图 8-11 所示。

最下方有一个“分享”按钮，当单击“分享”按钮时会触发用户转发，弹出微信分享界面，如图 8-12 所示。

图 8-10　上传照片后的界面

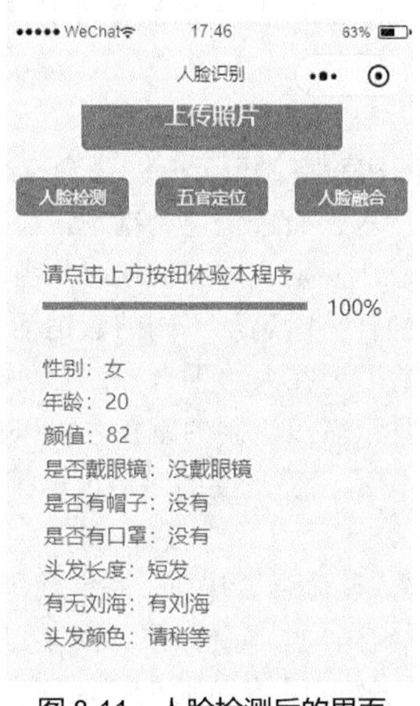

图 8-11　人脸检测后的界面

图 8-12　微信分享

8.2.3 五官定位

当用户单击“五官定位”按钮时，后台会调用云函数的五官定位方法，按照腾讯云五官定位 API 调用的要求，将用户上传的照片的数据及其他参数准备齐全，发出调用请求，等待函数返回，返回的数据为 JSON 数据格式。将 JSON 数据解析，得到包括脸、眼睛、眉毛、嘴、鼻子等的轮廓位置，根据位置数据直接在照片上用蓝色的线将人脸的五官绘制出来。具体效果如图 8-13 所示。

图 8-13　五官定位后的界面

8.2.4 人脸融合

人脸融合是腾讯云与优图实验室、天天 P 图联合打造的 AI 变脸玩法。它是基于深度学习引擎和人脸识别算法的技术，通过快速精准地定位人脸关键点，将用户上传的照片与特定形象进行面部层面融合，使生成的图片同时具备用户与特定形象的外貌特征。小程序支持单脸、多脸、选脸融合，以满足不同的营销活动需求。特定形象的照片是需要审核的，开发者使用此功能前需要在人脸融合控制台创建一个活动，并将特定形象的照片上传到素材中，并且通过腾讯审核机制的审核才可以使用。本实例使用的特定形象是一个固定的照片，如图 8-14 所示，感兴趣的学员可以扩充此功能，实现可以选择特定形象的照片功能。

用户上传照片后，单击“人脸融合”按钮，系统会调用人脸融合的后台 API，返回一个融合后的图片，并将其展示给用户，具体效果如图 8-15 所示。可以看出，此时融合出的人脸同时具备了上传照片人脸和特定形象人脸的特征。

图 8-14　人脸融合特定形象的照片

图 8-15　人脸融合后的界面

8.3 开发实现

根据功能设计的分析，本实例主要包括照片上传、人脸检测、五官定位和人脸融合 4 个关键功能。

8.3.1 照片上传

照片上传是最为基础的功能，人脸识别的第一步操作就是上传要识别的照片，上传的照片使用腾讯云的云存储来存储，每个开发者有 5GB 的存储空间，开发者可以通过开发工具上云开发中的“存储”来查看上传的照片，如图 8-16 所示。

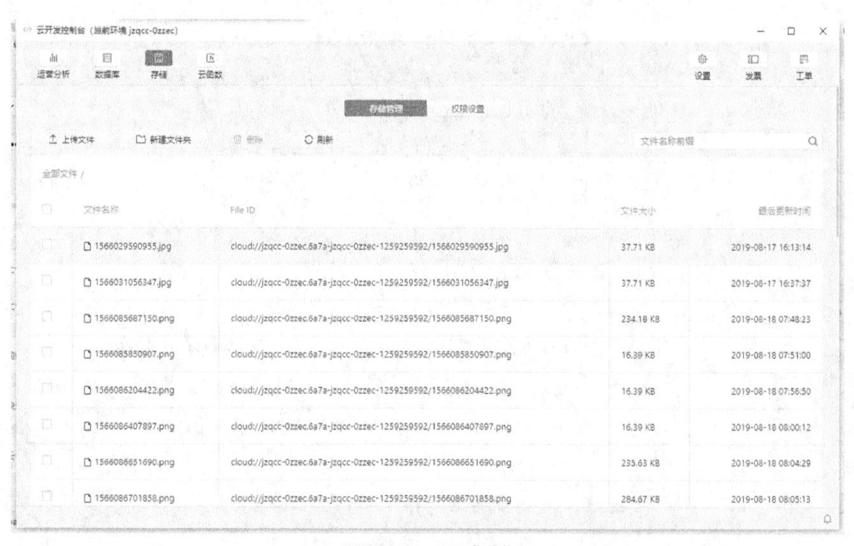

图 8-16　云存储

云存储可以存放上传的照片，但如何把照片上传到云存储中呢？开发者可以使用

wx.chooseImage(Object object)函数把照片上传到云存储中，调用这些函数时会提示用户选择拍照或从相册中选择照片，用户选择好照片，再调用 wx.cloud.uploadFile 上传函数可以将照片上传到云存储中。在这个过程中要考虑多用户同时上传照片的可能性，可通过时间随机方法来生成文件名称，以 ms 为单位，也就是 1s 中可以同时上传 1000 个文件。上传的进度通过进度条来显示，上传进度数据可以从上传方法中获取。完成照片上传的功能用 UploadImage 的方法封装，此方法主要实现随机文件名生成、图片上传、进度监控等几个子功能，具体代码如下所示。

```
1.  UploadImage() {
2.      var myThis = this
3.      var random = Date.parse(new Date()) + Math.ceil(Math.random() *
        1000) //随机数
4.      wx.chooseImage({ //图片上传接口
5.        count: 1,
6.        sizeType: ['compressed'],
7.        sourceType: ['album', 'camera'],
8.        success(chooseImage_res) {
9.          wx.showLoading({ //展示加载接口
10.           title: '加载中...',
11.         });
12.         wx.getImageInfo({ //图片属性接口
13.           src: chooseImage_res.tempFilePaths[0], //地址为选择图片后在本
              地的临时文件
14.           success(getImageInfo_res) {
15.             var ctx_size = 200 / getImageInfo_res.width;
16.             // 获取上传后图片宽度与 200 的比值
17.             const ctx = wx.createCanvasContext('Canvas');
18.             const image = chooseImage_res.tempFilePaths[0]; //设置图片
                地址为选择图片后在本地的临时文件
19.             ctx.drawImage(image, 0, 0, 200, getImageInfo_res.height
                * ctx_size); //选择的图片高度与宽度/200 的乘积，得到前端 canvas
                正常高度
20.             myThis.setData({
21.               canvas_height: getImageInfo_res.height * ctx_size, //将
                  canvas 正常高度写给前端 canvas，以避免图片拉伸
22.               image_viwe_display: "none", //关闭前端图片展示
23.               canvas_viwe_display: "block", //打开前端 canvas 展示
24.             })
25.             ctx.draw(); //绘制基本图片
26.           }
27.         })
28.         console.log("临时地址:" + chooseImage_res.tempFilePaths[0])
```

```
29.          myThis.setData({
30.            UpdateImage: "上传进度",//选择图片后将“请上传照片”更改为“上传进度”
31.            ImagetempFilePaths: chooseImage_res.tempFilePaths[0] //将选
               择图片后的临时地址写给 ImagetempFilePaths，等待其他函数调用
32.          })
33.          const uploadTask = wx.cloud.uploadFile({ //云存储上传接口
34.            cloudPath: random + '.png', //图片名称为随机数 + .png
35.            filePath: chooseImage_res.tempFilePaths[0], //将临时地址中的
               图片文件上传到云函数文件服务器
36.            success(uploadFile_res) {
37.              myThis.setData({
38.                ImageFileID: uploadFile_res.fileID //将上传图片后的fileID
                   写给 ImageFileID，等待其他函数调用
39.              })
40.              wx.hideLoading() //关闭加载中弹窗
41.              wx.showToast({ //显示弹窗
42.                title: '上传成功',
43.                icon: 'success',
44.                duration: 500
45.              })
46.              myThis.setData({
47.                UpdateImage: "请点击上方按钮体验本程序", //更改 UpdateImage
                   数据为“请点击上方按钮体验本程序”
48.                button_viwe_display: "block" //展示其他功能按钮
49.              })
50.            }
51.          })
52.          uploadTask.onProgressUpdate((uploadFile_res) => { //监控上传进
             度函数
53.            myThis.setData({
54.              progress: uploadFile_res.progress //上传进度
55.            })
56.          })
57.        }
58.      })
59.    }
```

上传照片到云存储，主要有几个步骤，具体如下。

（1）首先生成一个随机的时间数为上传照片命名。

（2）选择照片的方式，拍照或从相册中选择，一次只能选择一张照片，界面提示加载中。

（3）获取照片的信息，这里把上传照片按照示例照片的大小绘制出来。

（4）执行将照片上传到云存储空间内，成功之后关闭加载中显示，同时界面显示上传成功。这个过程增加监听上传进度函数，实时在页面上显示上传的进度，也就是给进度 progress 赋值。

总的来说，用到两个关键的函数，一个是打开拍照或从相册选择照片，另一个是将选择的照片上传到云存储，再将上传后的照片显示在界面上。

8.3.2 人脸检测

用户将照片上传到云存储后，就可以使用人脸检测、五官定位、人脸融合等功能了。人脸检测是一个比较有趣的功能，大致实现过程是通过访问腾讯云的免费人脸识别接口获取到人脸识别数据，然后将识别数据经过软件处理后在微信小程序上显示。用户上传人脸照片后，单击“人脸检测”按钮，调用人脸检测与分析接口，可以返回相应人脸信息，人脸信息包括很多内容，这里取相对关键的部分指标，如性别、年龄、颜值等，完成此功能需要使用云开发的技术，在服务器端编写调用人脸检测与分析 API 的云函数，在客户端编写调用云函数和数据处理的方法，为保持一致，服务器端和客户端均定义同名的 DetectFace 方法，服务器端云函数的方法在 DetectFace 文件夹中的 index.js 文件内，核心代码如下。

```
1.  const cloud = require('wx-server-sdk') //小程序云开发 SDK
2.  const tencentcloud = require("tencentcloud-sdk-nodejs"); //腾讯云 API
    3.0 SDK
3.  const secret = require('./config.js');
4.  cloud.init({
5.    env: 'xxxx-0zzec'//此处修改为自己的环境
6.  }) //云开发初始化
7.  var synDetectFace = function(url) { //人脸识别 API
8.    const IaiClient = tencentcloud.iai.v20180301.Client; //API 版本
9.    const models = tencentcloud.iai.v20180301.Models; //API 版本
10.
11.   const Credential = tencentcloud.common.Credential;
12.   const ClientProfile = tencentcloud.common.ClientProfile;
13.   const HttpProfile = tencentcloud.common.HttpProfile;
14.   let cred = new Credential(secret.SecretId, secret.SecretKey); //腾讯
      云的 SecretId 和 SecretKey，打开 config.js 文件配置
15.   let httpProfile = new HttpProfile();
16.   httpProfile.endpoint = "iai.tencentcloudapi.com"; //腾讯云人脸识别 API 接口
17.   let clientProfile = new ClientProfile();
18.   clientProfile.httpProfile = httpProfile;
19.   let client = new IaiClient(cred, "", clientProfile); //调用就近地域
20.
21.   let req = new models.DetectFaceRequest();
22.   let params = '{"Url":"' + url + '","NeedFaceAttributes":1}' //拼接参数
```

```
23.   req.from_json_string(params);
24.   return new Promise(function(resolve, reject) { //构造异步函数
25.     client.DetectFace(req, function(errMsg, response) {
26.       if (errMsg) {
27.         reject(errMsg)
28.       } else {
29.         resolve(response);
30.       }
31.     })
32.   })
33. }
34.
35.
36. exports.main = async(event, context) => {
37.   const fileList = [event.fileID] //读取来自客户端的 fileID
38.   console.log("fileID:" + event.fileID)
39.   const result = await cloud.getTempFileURL({ //向云存储发起读取文件临时
    地址请求
40.     fileList,
41.   })
42.   console.log("result:" + JSON.stringify(result))
43.   const url = result.fileList[0].tempFileURL
44.   console.log("url:" + url)
45.   datas = await synDetectFace(url) //调用异步函数，向腾讯云 API 发起人脸检测请求
46.   return datas
47. }
```

客户端的代码在 index 的 index.js 文件内，核心代码如下。

```
1.  DetectFace() { //人脸检测函数
2.      wx.showLoading({
3.        title: '请稍候...',
4.      });
5.      var myThis = this
6.      myThis.setData({
7.        text_viwe_display: "block" //展示人脸检测相关数据
8.      });
9.      var image_src = this.data.ImagetempFilePaths
10.     wx.getImageInfo({
11.       src: image_src,
12.       success(getImageInfo_res) {
13.         var ctx_size = 200 / getImageInfo_res.width;
14.         const ctx = wx.createCanvasContext('Canvas');
```

```
15.        ctx.drawImage(image_src, 0, 0, 200, getImageInfo_res.height
           * ctx_size);
16.        myThis.setData({
17.          canvas_height: getImageInfo_res.height * ctx_size,
18.          image_viwe_display: "none", //关闭前端图片展示
19.          canvas_viwe_display: "block", //打开前端 canvas 展示
20.        })
21.        ctx.draw();
22.      }
23.    })
24.    wx.cloud.callFunction({ //人脸检测云函数
25.      name: 'DetectFace',
26.      data: {
27.        fileID: this.data.ImageFileID //上传文件的 fileID
28.      },
29.      success(cloud_callFunction_res) {
30.        wx.hideLoading()
31.        console.log("FaceInfos:" + JSON.stringify(cloud_callFunction_
           res.result)) //人脸检测返回的 JSON 数据
32.        myThis.setData({
33.          age: cloud_callFunction_res.result.FaceInfos[0].FaceAttribu
             tesInfo.Age, //年龄
34.          //glasses: cloud_callFunction_res.result.FaceInfos[0].Face
             AttributesInfo.Glass, //是否戴眼镜
35.          beauty: cloud_callFunction_res.result.FaceInfos[0].FaceAttr
             ibutesInfo.Beauty, //颜值数据
36.          //mask: cloud_callFunction_res.result.FaceInfos[0].FaceAttr
             ibutesInfo.Mask, //是否遮挡
37.          //hat: cloud_callFunction_res.result.FaceInfos[0].FaceAttri
             butesInfo.Hat, //是否戴帽子
38.        })
39.        //是否戴眼镜
40.        if (cloud_callFunction_res.result.FaceInfos[0].FaceAttributes
           Info.Glass == true) {
41.          myThis.setData({
42.            glasses: "佩戴眼镜"
43.          });
44.        } else {
45.          myThis.setData({
46.            glasses: "没戴眼镜"
47.          });
```

```
48.         }
49.         //是否有帽子
50.         if (cloud_callFunction_res.result.FaceInfos[0].FaceAttributes
            Info.Hat == true) {
51.           myThis.setData({
52.             hat: "有的"
53.           });
54.         } else {
55.           myThis.setData({
56.             hat: "没有"
57.           });
58.         }
59.         //是否戴口罩
60.         if (cloud_callFunction_res.result.FaceInfos[0].FaceAttributes
            Info.Mask == true) {
61.           myThis.setData({
62.             mask: "有的"
63.           });
64.         } else {
65.           myThis.setData({
66.             mask: "没有"
67.           });
68.         }
69.
70.         if (cloud_callFunction_res.result.FaceInfos[0].FaceAttributes
            Info.Gender < 50) { //判断返回的数据，更新性别变量
71.           myThis.setData({
72.             gender: "女"
73.           });
74.         } else {
75.           myThis.setData({
76.             gender: "男"
77.           });
78.         }
79.
80.         switch (cloud_callFunction_res.result.FaceInfos[0].FaceAttrib
            utesInfo.Hair.Length) { //判断返回的数据，更新头发变量
81.           case 0:
82.             myThis.setData({
83.               hair_length: "超短，光头？"
```

```
84.              });
85.              break;
86.            case 1:
87.              myThis.setData({
88.                hair_length: "短发"
89.              });
90.              break;
91.            case 2:
92.              myThis.setData({
93.                hair_length: "中发"
94.              });
95.              break;
96.            case 3:
97.              myThis.setData({
98.                hair_length: "长发"
99.              });
100.             break;
101.           case 4:
102.             myThis.setData({
103.               hair_length: "绑发"
104.             });
105.             break;
106.         }
107.
108.         switch (cloud_callFunction_res.result.FaceInfos[0].FaceAttri
         butesInfo.Hair.Bang) { //判断返回的数据，更新刘海变量
109.           case 0:
110.             myThis.setData({
111.               hair_bang: "有刘海"
112.             });
113.             break;
114.           case 1:
115.             myThis.setData({
116.               hair_bang: "无刘海"
117.             });
118.             break;
119.         }
120.
121.         switch (cloud_callFunction_res.result.FaceInfos[0].FaceAttri
         butesInfo.Hair.Color) { //判断返回的数据，更新发色变量
122.           case 0:
```

```
123.             myThis.setData({
124.               hair_color: "黑色"
125.             });
126.             break;
127.           case 1:
128.             myThis.setData({
129.               hair_color: "金色"
130.             });
131.             break;
132.           case 0:
133.             myThis.setData({
134.               hair_color: "棕色"
135.             });
136.             break;
137.           case 1:
138.             myThis.setData({
139.               hair_color: "灰白色"
140.             });
141.             break;
142.         }
143.       },
144.       fail(err) { //失败回调函数
145.         console.log(err)
146.         wx.hideLoading()
147.         wx.showModal({
148.           title: '失败',
149.           content: "人脸检测失败，请重试！"
150.         })
151.       }
152.     })
153.   }
```

这个过程要调用人脸检测的云函数，人脸检测方法首先给用户一个“请稍候”的提示信息，这时会调用人脸检测 DetectFace 云函数，在成功回调函数中解析返回的 JSON 数据。这个过程要根据对应的值进行转义，如佩戴眼镜返回的数据为 FaceInfos[0].FaceAttributesInfo.Glass，这是一个 bool 值，需对这个值进行转义，值为 true 则返回佩戴眼镜，false 则返回没有佩戴。类似地，是否带帽子、是否戴口罩都是 bool 类型的值。头发的长短则由 switch 来确定，头发的颜色也使用相同逻辑。这些数据解析后统一使用一个块 text_view_display 来显示，这个块状态最初是隐藏的，数据处理完成后系统显示此块内容，也就是在进度条的下方用文本的方式显示检测内容。

8.3.3 五官定位

五官定位也就是人脸关键点定位，五官定位接口通过计算构成人脸轮廓的90个点，包括眉毛（左右各8点）、眼睛（左右各8点）、鼻子（13点）、嘴巴（22点）、脸型轮廓（21点）、眼珠或瞳孔（2点）。完成此功能也需要用云开发的技术，在服务器端编写调用五官定位API的云函数，在客户端编写调用云函数和数据处理的方法，服务器端和客户端均定义同名的AnaltzeFace方法，服务器端云函数的方法在AnaltzeFace文件夹中的index.js文件内，核心代码如下。

```
1.  const cloud = require('wx-server-sdk') //小程序云开发 SDK
2.  const tencentcloud = require("tencentcloud-sdk-nodejs"); //腾讯云
    API 3.0 SDK
3.  const secret = require('./config.js');
4.  cloud.init({
5.    env: 'xxxxx-0zzec' //修改为自己的环境
6.  }) //云开发初始化
7.  var synAnalyzeFace = function (url) { //人脸识别 API
8.    const IaiClient = tencentcloud.iai.v20180301.Client; //API 版本
9.    const models = tencentcloud.iai.v20180301.Models; //API 版本
10.
11.   const Credential = tencentcloud.common.Credential;
12.   const ClientProfile = tencentcloud.common.ClientProfile;
13.   const HttpProfile = tencentcloud.common.HttpProfile;
14.   let cred = new Credential(secret.SecretId, secret.SecretKey);
      //腾讯云的 SecretId 和 SecretKey，打开 config.js 文件配置
15.   let httpProfile = new HttpProfile();
16.   httpProfile.endpoint = "iai.tencentcloudapi.com"; //腾讯云人脸识别 API 接口
17.   let clientProfile = new ClientProfile();
18.   clientProfile.httpProfile = httpProfile;
19.   let client = new IaiClient(cred, "", clientProfile); //调用就近地域
20.
21.   let req = new models.AnalyzeFaceRequest();
22.   let params = '{"Url":"'+ url + '"}' //拼接参数
23.   req.from_json_string(params);
24.   return new Promise(function (resolve, reject) { //构造异步函数
25.     client.AnalyzeFace(req, function (errMsg, response) {
26.       if (errMsg) {
27.         reject(errMsg)
28.       } else {
29.         resolve(response);
30.       }
31.     })
```

```
32.   })
33. }
34.
35. exports.main = async (event, context) => {
36.   const fileList = [event.fileID] //读取来自客户端的 fileID
37.   console.log("fileID:" + event.fileID)
38.   const result = await cloud.getTempFileURL({ //向云存储发起读取文件临时
      地址请求
39.     fileList,
40.   })
41.   console.log("result:" + JSON.stringify(result))
42.   const url = result.fileList[0].tempFileURL
43.   console.log("url:" + url)
44.   datas = await synAnalyzeFace(url) //调用异步函数，向腾讯云 API 发起人脸检测请求
45.   return datas
46. }
```

采用客户端 AnaltzeFace 的方法实现调用五官定位云函数，然后将返回的数据绘制到照片上，具体代码如下。

```
1.  AnaltzeFace() { //五官定位函数
2.      wx.showLoading({
3.        title: '请稍后...',
4.      });
5.      var myThis = this
6.      myThis.setData({
7.        text_viwe_display: "none"
8.      });
9.      var image_src = this.data.ImagetempFilePaths
10.     wx.cloud.callFunction({ //调用五官定位云函数
11.       name: 'AnalyzeFace',
12.       data: {
13.         fileID: this.data.ImageFileID //读取上传图片成功后返回的 FileID
14.       },
15.       success(cloud_callFunction_res) { //成功回调
16.         wx.hideLoading()
17.         console.log("AnalyzeFace:" + JSON.stringify(cloud_callFunction_
            res.result)) //展示返回的 JSON 数据
18.         var ctx_size = 200 / cloud_callFunction_res.result.ImageWidth;
19.         //这里的数值是五官定位返回的图片宽度，同上，获取比值
20.         const ctx = wx.createCanvasContext('Canvas');
21.         ctx.drawImage(image_src, 0, 0, 200, cloud_callFunction_res.
```

```
            result.ImageHeight * ctx_size);
22.         myThis.setData({
23.           canvas_height: cloud_callFunction_res.result.ImageHeight *
              ctx_size, //正确高度写给前端
24.           image_viwe_display: "none", //关闭前端图片展示
25.           canvas_viwe_display: "block", //打开前端canvas展示
26.         })
27.         ctx.setStrokeStyle('#0000FF') //五官定位数据绘图颜色
28.         ctx.beginPath() //设置画笔
29.
30.         ctx.moveTo(cloud_callFunction_res.result.FaceShapeSet[0].Face
            Profile[0].X * ctx_size, cloud_callFunction_res.result.Face
            ShapeSet[0].FaceProfile[0].Y * ctx_size)
31.         for (var i = 1; i < cloud_callFunction_res.result.FaceShape
            Set[0].FaceProfile.length; i++) {
32.           ctx.lineTo(cloud_callFunction_res.result.FaceShapeSet[0].
              FaceProfile[i].X * ctx_size, cloud_callFunction_res.result.
              FaceShapeSet[0].FaceProfile[i].Y * ctx_size)
33.         } //脸型轮廓绘制
34.
35.         ctx.moveTo(cloud_callFunction_res.result.FaceShapeSet[0].Left
            Eye[0].X * ctx_size, cloud_callFunction_res.result.FaceShape
            Set[0].LeftEye[0].Y * ctx_size)
36.         for (var i = 1; i < cloud_callFunction_res.result.FaceShapeSet
            [0].LeftEye.length; i++) {
37.           ctx.lineTo(cloud_callFunction_res.result.FaceShapeSet[0].
              LeftEye[i].X * ctx_size, cloud_callFunction_res.result.
              FaceShapeSet[0].LeftEye[i].Y * ctx_size)
38.         } //左眼轮廓绘制
39.
40.         ctx.moveTo(cloud_callFunction_res.result.FaceShapeSet[0].Right
            Eye[0].X * ctx_size, cloud_callFunction_res.result.FaceShape
            Set[0].RightEye[0].Y * ctx_size)
41.         for (var i = 1; i < cloud_callFunction_res.result.FaceShape
            Set[0].RightEye.length; i++) {
42.           ctx.lineTo(cloud_callFunction_res.result.FaceShapeSet[0].
              RightEye[i].X * ctx_size, cloud_callFunction_res.result.
              FaceShapeSet[0].RightEye[i].Y * ctx_size)
43.         } //右眼轮廓绘制
44.
45.         ctx.moveTo(cloud_callFunction_res.result.FaceShapeSet[0].
```

```
        LeftEyeBrow[0].X * ctx_size, cloud_callFunction_res.result.
        FaceShapeSet[0].LeftEyeBrow[0].Y * ctx_size)
46.     for (var i = 1; i < cloud_callFunction_res.result.FaceShapeSet
        [0].LeftEyeBrow.length; i++) {
47.       ctx.lineTo(cloud_callFunction_res.result.FaceShapeSet[0].
          LeftEyeBrow[i].X * ctx_size, cloud_callFunction_res.result.
          FaceShapeSet[0].LeftEyeBrow[i].Y * ctx_size)
48.     } //左眉毛轮廓绘制
49.
50.     ctx.moveTo(cloud_callFunction_res.result.FaceShapeSet[0].Right
        EyeBrow[0].X * ctx_size, cloud_callFunction_res.result.Face
        ShapeSet[0].RightEyeBrow[0].Y * ctx_size)
51.     for (var i = 1; i < cloud_callFunction_res.result.FaceShapeSet
        [0].RightEyeBrow.length; i++) {
52.       ctx.lineTo(cloud_callFunction_res.result.FaceShapeSet[0].
          RightEyeBrow[i].X * ctx_size, cloud_callFunction_res.result.
          FaceShapeSet[0].RightEyeBrow[i].Y * ctx_size)
53.     } //右眉毛轮廓绘制
54.
55.     ctx.moveTo(cloud_callFunction_res.result.FaceShapeSet[0].Mouth
        [0].X * ctx_size, cloud_callFunction_res.result.FaceShapeSet
        [0].Mouth[0].Y * ctx_size)
56.     for (var i = 1; i < cloud_callFunction_res.result.FaceShapeSet
        [0].Mouth.length; i++) {
57.       ctx.lineTo(cloud_callFunction_res.result.FaceShapeSet[0].
          Mouth[i].X * ctx_size, cloud_callFunction_res.result.Face
          ShapeSet[0].Mouth[i].Y * ctx_size)
58.     } //嘴巴轮廓绘制
59.
60.     ctx.moveTo(cloud_callFunction_res.result.FaceShapeSet[0].Nose
        [0].X * ctx_size, cloud_callFunction_res.result.FaceShapeSet
        [0].Nose[0].Y * ctx_size)
61.     for (var i = 1; i < cloud_callFunction_res.result.FaceShapeSet
        [0].Nose.length; i++) {
62.       ctx.lineTo(cloud_callFunction_res.result.FaceShapeSet[0].
          Nose[i].X * ctx_size, cloud_callFunction_res.result.Face
          ShapeSet[0].Nose[i].Y * ctx_size)
63.     } //鼻子轮廓绘制
64.
65.     ctx.moveTo(cloud_callFunction_res.result.FaceShapeSet[0].Left
        Pupil[0].X * ctx_size, cloud_callFunction_res.result.FaceShape
```

```
            Set[0].LeftPupil[0].Y * ctx_size)
66.         ctx.lineTo(cloud_callFunction_res.result.FaceShapeSet[0].Right
            Pupil[0].X * ctx_size, cloud_callFunction_res.result.FaceShape
            Set[0].RightPupil[0].Y * ctx_size)
67.         //瞳孔距离绘制
68.         ctx.stroke();
69.         ctx.draw();
70.       },
71.       fail(err) { //失败回调
72.         console.log(err)
73.         wx.hideLoading()
74.         wx.showModal({
75.           title: '失败',
76.           content: "五官定位失败，请重试！"
77.         })
78.       }
79.     })
80.   }
```

五官定位和人脸检测的流程基本相似，首先提示“请稍候”，然后调用五官定位云函数AnalyzeFace，函数回调成功后先设置画笔颜色等内容，然后开始绘制五官轮廓，获取到的五官数据是按照部位分类的位置点数组，所有的轮廓数据都在返回结果的FaceShapeSet数组的第一个数组中，如脸部对应的是FaceProfile数组，左眼对应的是LeftEye数组等。获取这些轮廓数组数据后，在页面照片上使用lineTo方法将数组上的点连接起来，就形成了五官的定位图。

8.3.4 人脸融合

人脸融合依托人脸识别算法和深度学习引擎，能够快速精准地定位人脸关键点，将用户上传的照片与特定形象进行面部层面融合，使生成的图片同时具备用户与特定形象的外貌特征。在融合人脸的同时，支持对上传的照片进行识别，可提高活动的安全性，降低业务风险。使用过程中可以修改融合参数和脸型参数，融合数值越高，融合后的五官越接近特定形象；脸型数值越高，融合后的脸型越接近特定形象。通过模型参数的调整，可以针对不同场景提供更精细的选择。

使用人脸融合功能前需要进入控制台，增加一个活动项目，项目会自动生成一个活动ID，然后可以在此活动管理的素材管理中添加包含人脸照片的素材，如图8-17所示，在素材管理内可以添加素材，上传的素材必须通过腾讯官方审核，一般素材上传后将于3个工作日内审核，需要注意的是，为保证融合效果，单张素材最多支持融合3张人脸。

完成人脸融合同样也是使用云开发的技术，在服务器端编写调用人脸融合API的云函数，在客户端编写调用云函数和数据处理的方法，服务器端和客户端均定义同名的FaceMerge方法，服务器端云函数的方法在FaceMerge文件夹中的index.js文件内，核心代码如下。

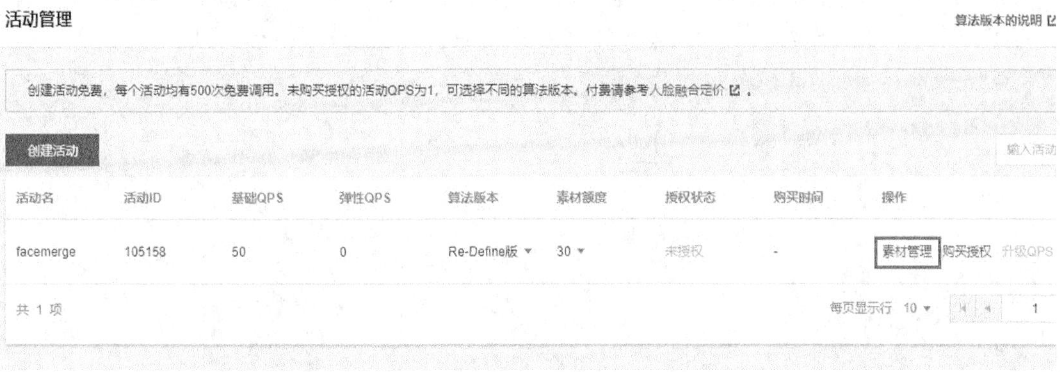

活动管理　　　　算法版本的说明

创建活动免费，每个活动均有500次免费调用。未购买授权的活动QPS为1，可选择不同的算法版本。付费请参考人脸融合定价 。

创建活动

活动名	活动ID	基础QPS	弹性QPS	算法版本	素材额度	授权状态	购买时间	操作
facemerge	105158	50	0	Re-Define版	30	未授权	-	素材管理 购买授权 升级QPS

共 1 项　　　　每页显示行 10　　1

图 8-17　活动中的素材管理

```
1.  const cloud = require('wx-server-sdk') //小程序云开发 SDK
2.  const tencentcloud = require("tencentcloud-sdk-nodejs"); //腾讯云
    API 3.0 SDK
3.  const secret = require('./config.js');
4.  cloud.init({
5.    env: 'xxxxx-0zzec' //修改为自己的环境
6.  }) //云开发初始化
7.  var synDetectFace = function(imgbase64) { //人脸识别 API
8.    const FacefusionClient = tencentcloud.facefusion.v20181201.Client;
      //API 版本
9.    const models = tencentcloud.facefusion.v20181201.Models; //API 版本
10.
11.   const Credential = tencentcloud.common.Credential;
12.   const ClientProfile = tencentcloud.common.ClientProfile;
13.   const HttpProfile = tencentcloud.common.HttpProfile;
14.
15.   let cred = new Credential(secret.SecretId, secret.SecretKey);
      //腾讯云的 SecretId 和 SecretKey，打开 config.js 文件配置
16.   let httpProfile = new HttpProfile();
17.   httpProfile.endpoint = "facefusion.tencentcloudapi.com"; //腾讯云人
      脸识别 API 接口
18.   let clientProfile = new ClientProfile();
19.   clientProfile.httpProfile = httpProfile;
20.   let client = new FacefusionClient(cred, "", clientProfile);//调用就近地域
21.
22.   let req = new models.FaceFusionRequest();
23.   let params = '{"ProjectId":"105158","ModelId":"qc_105158_896191_12",
      "Image":"' + imgbase64 + '","RspImgType":"url"}' //拼接参数
24.    req.from_json_string(params);
```

```
25.   return new Promise(function(resolve, reject) { //构造异步函数
26.     client.FaceFusion(req, function(errMsg, response) {
27.       console.log(response);
28.       if (errMsg) {
29.         reject(errMsg)
30.       } else {
31.         resolve(response);
32.       }
33.     })
34.   })
35. }
36.
37. exports.main = async(event, context) => {
38.   const imgbase64 = [event.base64] //读取来自客户端图片 base64
39.   datas = await synDetectFace(imgbase64) //调用异步函数，向腾讯云 API 发起
      人脸融合请求
40.   return datas //返回腾讯云 API 的数据到客户端
41. }
```

采用客户端 FaceMerge 的方法，实现调用人脸融合云函数，然后将返回的融合后的图片显示在页面上，具体代码如下。

```
1.  FaceMerge() { //人脸融合函数
2.      wx.showLoading({
3.        title: '请稍候...',
4.      });
5.      var myThis = this
6.      myThis.setData({
7.        text_viwe_display: "none" //取消显示人脸检测数据
8.      });
9.      var image_src = this.data.ImagetempFilePaths //将选择图片后临时地址
        传入 image_src 变量
10.     wx.getFileSystemManager().readFile({
11.       filePath: image_src, //选择图片返回的相对路径
12.       encoding: 'base64', //设置编码格式为 base64
13.       success(base64_res) {
14.         console.log(base64_res.data);
15.         const imgbase64 = base64_res.data;
16.         wx.cloud.callFunction({ //调用人脸融合云函数
17.           name: "FaceMerge",
18.           data: {
19.             base64: imgbase64 //将图片的 base64 数据传给云函数
20.           },
```

```
21.            success(cloud_callFunction_res) { //云函数成功回调
22.              wx.hideLoading()
23.              console.log(cloud_callFunction_res)
24.              myThis.setData({
25.                canvas_height: 253,
26.                image_src: cloud_callFunction_res.result.Image,
                   //cloud_callFunction_res.result.Image 为云函数返回的人脸
                   融合后的图片
27.                image_viwe_display: "block", //打开前端图片展示
28.                canvas_viwe_display: "none", //关闭前端 canvas 展示
29.              })
30.            },
31.            fail(err) {
32.              console.log(err) //云函数失败回调，控制台打印 log
33.              wx.hideLoading()
34.              wx.showModal({
35.                title: '失败',
36.                content: "人脸融合失败，请重试！"
37.              })
38.            }
39.          })
40.        }
41.      })
42.    }
```

人脸融合的过程是将上传的要融合的图片转成 base64 数据传给云函数 FaceMerge，云函数调用人脸融合 API 接口，接口处理完后直接返回人脸融合后的图片，然后将融合后的图片在页面显示出来。

8.3.5　页面展示

整个人脸识别应用实例使用了单页面结构，所有操作在一个页面上完成。页面最上面部分是照片显示区，也就是类为 image_viwe_size 的 view 标签。此视图容器中有两个组件，分别是图片标签和绘图标签，这两个组件在显示时是互斥的，需通过 canvas_viwe_display 和 image_viwe_display 变量来控制是否显示。系统默认 image_viwe_display 为 block，即显示图片标签。如用户上传完照片后，将 image_viwe_display 设置成 none，canvas_viwe_display 设置成 block，也就切换成显示绘图标签了，具体要显示图片标签还是绘图标签可根据功能操作来切换。

页面中下方是上传照片的按钮视图，绑定的是上传函数 UploadImage，进行照片上传。页面下方是一组按钮，包括三个按钮，均通过 button_viwe_display 来控制是否显示，默认不显示，当照片上传成功后将此值设置为“block”，即在页面上显示。按钮组下面是进度条显示，显示当前的进度状态。进度状态后面是文本内容显示，主要显示性别、年龄、颜值等信息，需结合人脸检测使用，当用户单击“人脸检测”按钮时，画面就会出现“请稍

候”等待画面，这时调用人脸检测 API 请求，请求返回的数据是 JSON 数据，对 JSON 数据进行按需解析，再将解析数据排版整理在视图上显示出来。最下方是一个“分享”按钮，用户单击此按钮，进入微信分享界面。

具体前端页面代码如下：

```
1.  <view class="image_viwe_size">
2.  <canvas canvas-id="Canvas" style="width: 200px; height:
   {{canvas_height}}px;display:{{canvas_viwe_display}};"></canvas>
3.  <image src='{{image_src}}' style="width: 200px; height:
   {{canvas_height}}px;display:{{image_viwe_display}};"></image>
4.  </view>
5.
6.  <view class='button_viwe_size' style="display:{{text_viwe}}">
7.    <button class="button_size" type="primary" bindtap="UploadImage">
    上传照片</button>
8.  </view>
9.  <view class='button_viwe_size'>
10.   <button type="primary" size="mini" bindtap="DetectFace" style=
      "display:{{button_viwe_display}}">人脸检测</button>
11.   <button type="primary" size="mini" bindtap="AnaltzeFace" style=
      "display:{{button_viwe_display}}">五官定位</button>
12.   <button type="warn" size="mini" bindtap="FaceMerge" style="display:
      {{button_viwe_display}}">人脸融合</button>
13. </view>
14. <view class='progress_view_size'>
15. <text class="text_size">{{UpdateImage}}</text>
16. <progress percent="{{progress}}"  show-info />
17. </view>
18. <view class='text_viwe_size' style="display:{{text_viwe_display}}">
19.   <text class="text_size">性别：{{gender}}</text>
20.   <text class="text_size">年龄：{{age}}</text>
21.   <text class="text_size">颜值：{{beauty}}</text>
22.   <text class="text_size">是否戴眼镜：{{glasses}}</text>
23.   <text class="text_size">是否有帽子：{{hat}}</text>
24.   <text class="text_size">是否有口罩：{{mask}}</text>
25.   <text class="text_size">头发长度：{{hair_length}}</text>
26.   <text class="text_size">有无刘海：{{hair_bang}}</text>
27.   <text class="text_size">头发颜色：{{hair_color}}</text>
28. </view>
29. <view class='button_viwe_size'>
30. <button type="default" open-type="share" style="display:{{button_viwe_
```

```
display}}">分享</button>
   31. </view>
```

8.4 本章小结

本章开始进入实践应用阶段，以比较有趣的人脸识别类人工智能应用为例，先介绍腾讯云和云开发的内容，然后通过腾讯云的人脸识别接口获取人脸数据，对上传的照片进行人脸检测分析、五官定位和人脸融合。

通过本章的学习，读者应对微信小程序应用开发的流程有一个清晰的认识，熟悉微信 API 接入，返回数据解析，页面展示的常规流程。

动手实践

学习完前面的内容，下面来动手实践一下吧。

结合腾讯云给出的其他人工智能接口，运用云开发的云函数及腾讯云智能图像的图像分析接口来实现一个图像智能分析的小程序。

第 9 章 小游戏开发实例

学习目标

- 了解小游戏开发的基础概念。
- 掌握小游戏项目分析的方法。
- 掌握小游戏项目功能设计的方法。
- 熟悉小游戏项目功能实现的方法。

本章将以微信小游戏官方的一个简单的小游戏“飞机大战”为例，介绍小游戏的开发流程。从最基本的文件结构、Canvas 应用、模块化等基础知识快速入门，再到小游戏的开发，通过分析小游戏的功能及开发实现来学习整个小游戏开发过程。

9.1 游戏开发基础

微信小游戏是在微信小程序的基础上添加了游戏库 API。小游戏只能运行在微信小程序环境中，所以小游戏既不是原生游戏，也不完全等同于 HTML5 游戏。但实际上小游戏面向的就是 HTML5 游戏开发者，为了让 HTML5 游戏能够低成本移植，小游戏尽量复用了 WebGL（Web Graphics Library）、JavaScript 等源自浏览器的 HTML5 技术。可以说微信小游戏是使用 HTML5 技术搭建，具有原生体验的微信内游戏产品。

9.1.1 文件结构

微信小游戏开发的前提是已经注册了一个小游戏账号，微信小程序账号也可以转为小游戏账号。小游戏的开发工具和小程序开发工具相同，只是打开时选择小游戏，如图 9-1 所示。

选择“小游戏”选项，单击“新建项目”标签页，填写完整后单击右下角“新建”按钮，即可完成创建小游戏，如图 9-2 所示。

在开发者工具可以看到，小游戏只有两个文件，分别是 game.js 和 game.json，这两个文件是非常重要的文件，game.js 是小游戏入口文件，也就是说小游戏从这里开始初始化，启动进入游戏界面，而 game.json 是小游戏的配置文件。同样，小游戏中，只能使用 JavaScript 来编写小游戏。但不同于浏览器环境，小游戏开发环境没有 BOM API 和 DOM API，只有 wx API。接下来我们将使用 wx API 来完成创建画布、绘制图形、显示图片及响应用户交互等基础功能。

图 9-1　选择小游戏

图 9-2　新建小游戏

9.1.2　Canvas 应用

微信小游戏是在画布上实现游戏的交互功能，一般开发流程为先创建画布，再在画布上绘制图形、显示图片及响应用户交互等。

创建画布。画布使用的是 HTML5 的画布功能，在它的基础上进行了封装，具体的创建方法如下。

```
1.  const canvas = wx.createCanvas()
```

在 game.js 中输入以上代码并保存，可以立即创建一个屏幕界面。后续代码都会基于这个 canvas 对象。

下面是绘制一个矩形的代码。

```
1.  const context = canvas.getContext('2d') // 创建一个 2d context
2.  context.fillStyle = '#ffffff' // 矩形颜色
3.  context.fillRect(0, 0, 100, 100) // 矩形左上角顶点为(0, 0)，右下角顶点为
    (100, 100)
```

写入以上代码后保存，可以看到模拟器左上角出现一个白色的矩形，如图 9-3 所示。

接下来对矩形简单计算使之横向居中，将 context.fillRect(0, 0, 100, 100)修改为 context.fillRect(canvas.width / 2 - 50, 0, 100, 100)，保存后，可以看到矩形已经横向居中，如图 9-4 所示。

图 9-3　画布生成白色矩形

图 9-4　画布生成白色居中矩形

为了方便生成移动的矩形，将 context.fillRect 所在代码封装到 drawRect 函数中，并调用该函数，具体代码如下。

```
1.  function drawRect(x, y) {
2.    context.clearRect(x, y - 1, 100, 100)
3.    context.fillRect(x, y, 100, 100)
4.  }
5.  drawRect(canvas.width / 2 - 50, 0)
```

此处在第 2 行增加了 context.clearRect 方法，作用是每次绘制前都先清除原有矩形，方便后续调用时创建“让矩形下落移动”的效果；保存后模拟器的效果应与上一步一致，即有一个横向居中的白色矩形。

下一步将实现一个简单的动画，让矩形下落移动，具体做法是将 drawRect(canvas.width / 2 - 50, 0) 修改为如下代码。

```
1.  const rectX = canvas.width / 2 - 50
2.  let rectY = 0
3.  setInterval(function(){
4.    drawRect(rectX, rectY++)
5.  }, 16)
```

这里添加了一个每 16ms 执行一次的定时器函数，并且每次绘制都使矩形左上角 *Y* 坐

标在原有基础上增加1，添加上述代码后保存，可以看到模拟器上出现了一个下落的白色矩形。

9.1.3　模块化

小程序的模块化是将一些公共的代码抽离成为一个单独的js文件，作为一个模块使用。它在实际开发中应用非常广泛，模块只有通过module.exports或者exports才能对外暴露模块接口。

这里需要注意的是，exports是module.exports的一个引用，因此在模块里随意更改exports的指向会造成未知的错误，所以推荐开发者采用module.exports来暴露模块接口。

小程序目前不支持直接引入node_modules（Node.js的模块），开发者需要使用node_modules的时候建议复制相关的代码到小程序的目录中，或者使用小程序支持的npm功能。模块调用示例代码如下。

```
1.  // common.js
2.  function sayHello(name) {
3.    console.log('Hello ${name} !')
4.  }
5.  function sayGoodbye(name) {
6.    console.log('Goodbye ${name} !')
7.  }
8.  module.exports.sayHello = sayHello
9.  exports.sayGoodbye = sayGoodbye
```

9.1.4　对引擎的支持

许多开发者对小游戏在Cocos、Egret、Laya、Unity等游戏引擎的支持情况非常关心。由于小游戏是一个不同于浏览器的JavaScript运行环境，没有BOM API和DOM API，而基本上所有游戏引擎都是基于HTML5的，依赖浏览器提供的BOM API和DOM API。所以如果要在小游戏中使用引擎，需要对引擎进行改造。

目前，Cocos、Egret、Laya已经完成了自身引擎及其工具对小游戏的适配和支持，对应的官方文档已经对接入小游戏开发做了介绍，可以到官方网站查看相应文档。Unity目前还没有对小游戏进行适配。不过小游戏提供了对大部分Canvas 2d和WebGL 1.0特性的支持，支持情况参见RenderingContext，有能力的开发者可以尝试自行适配。

小游戏是一个不同于浏览器的运行环境，无论是怎样的引擎，最终在游戏运行时所做的大部分事情都是随着用户的交互更新画面和播放声音。小游戏的开发语言是JavaScript，因此在引擎的底层需要通过JavaScript调用绘制API和音频API。

一段JavaScript代码在运行时可以调用的API是依赖于宿主环境的。最常用的console.log甚至都不是JavaScript语言核心的一部分，而是浏览器这个宿主环境提供的。常见的宿主环境有浏览器、Node.js等。浏览器有BOM API和DOM API，而Node.js则没有这些对象；Node.js有fs、net等Node.js核心模块提供的文件、网络API模块，而浏览器则不具备这些模块。例如，下面这段在浏览器中可以正常运行的代码，在Node.js中运行就会报错。

```
1. let canvas = document.createElement('canvas')
```

因为 Node.js 这个宿主环境根本没有提供 document 这个内置的全局变量，因此会报以下错误。

```
1.  ReferenceError: document is not defined
```

小游戏的运行环境是一个不同于浏览器的宿主环境，没有提供 BOM API 和 DOM API，提供的是 wx API。通过 wx API，开发者可以调用 Native 提供的绘制、音视频、网络、文件等能力，小游戏的框架结构如图 9-5 所示。

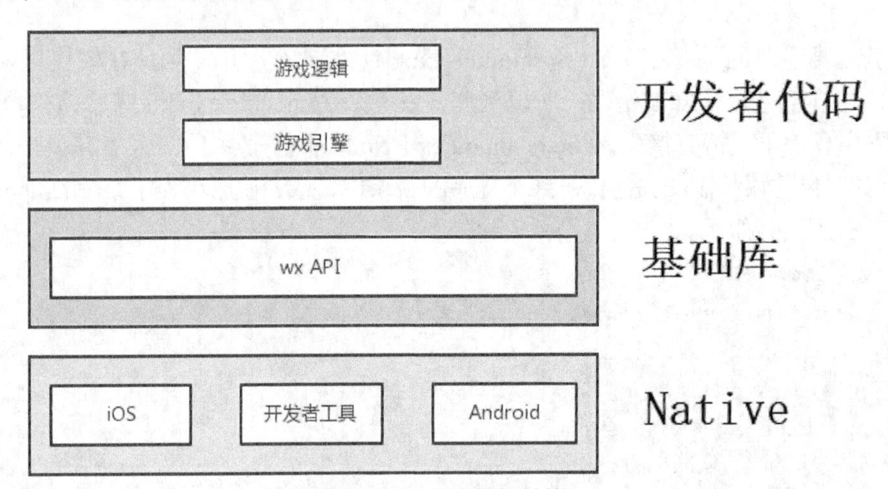

图 9-5　小游戏框架结构

9.2 项目介绍

飞机大战是一个非常经典的射击游戏，基本上所有游戏玩家都玩过类似的射击游戏。此类游戏易上手，动作简单，击中目标后就能得分，通过方向操作来躲避敌方子弹，整个过程不被敌方击中就能通关。玩家能从游戏中获得快感、满足感，同时射击游戏能够锻炼人的反应速度和人的心态。该小游戏和传统射击类游戏一样，分为 3 个阶段，分别是游戏开始、游戏进行和游戏结束。

9.2.1 游戏开始

游戏开始后，首先是初始化画面，在屏幕上显示一个背景，画面是一个绿色植被覆盖的丘陵，中间有一条曲折的小溪。我方飞机在画面的下方位置显现，飞机在画面的最上层，飞机同时以固定的间隔不停地向前方发射子弹，背景画面匀速地向下运行，看上去是我方飞机在不停地向前飞行。这时在画面的上方出现了比我方飞机略小的敌方飞机，敌方飞机只是向下飞行，不发射子弹，与此同时，稍急促的背景音乐也开始播放，增加了游戏的紧张度，如图 9-6 所示。

图 9-6　游戏开始

9.2.2 游戏进行

游戏开始后，玩家可以用手指按住我方飞机，上下左右移动，通过不断地移动飞机让飞机发射出的子弹去射击敌方飞机。敌方飞机在屏幕的最上方随机出现，并以固定的速度垂直向下飞行。如果敌方飞机被子弹击中，就会触发一个敌方飞机爆炸的动画并产生相应的爆炸音效，之后被击中的飞机也消失在屏幕中，同时我方的战绩就增加 1 个，在屏幕左上方显示已经击落的敌方飞机的数量。

9.2.3 游戏结束

游戏结束的条件有 3 种。一种是玩家主动关闭游戏，即退出游戏，直接结束游戏；一种是玩家在玩游戏时敌方飞机碰撞到己方飞机，这时页面会弹出一个游戏结束的对话框，显示当前得分，同时还有一个“重新开始”的按钮，如果玩家单击“重新开始”按钮就会重新开始游戏三阶段的游戏过程，具体游戏结束的截图如图 9-7 所示；最后一种是游戏时间到且没有被击中，游戏通关。

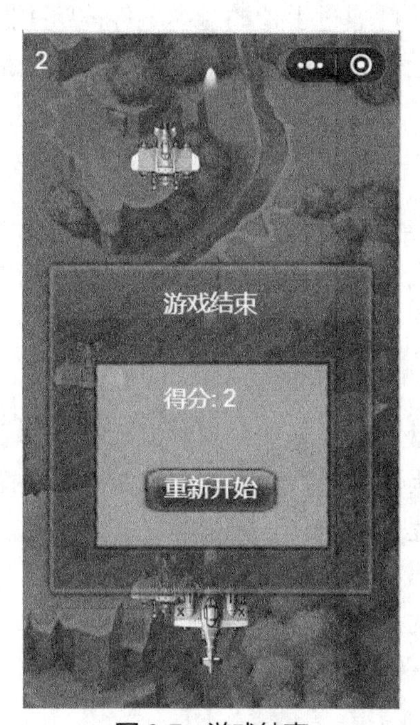

图 9-7 游戏结束

9.3 功能设计

分析飞机射击游戏的功能，主要由几部分组成：一是背景设计，一个合理的背景，可以增加游戏的耐玩度，提升用户继续玩下去的兴趣；二是物体移动，这个游戏主要是飞机的移动和子弹的移动，飞机可以上下左右移动，发射出的子弹只能直线向上移动，子弹的移动与飞机的移动要保持一致；三是边缘检测，要不停地检测飞机是否飞出屏幕，保持飞机在可操控的范围内；四是碰撞检测，游戏中涉及的碰撞有两个，一是己方飞机与敌方飞机碰撞，二是敌方飞机和子弹碰撞，对这些碰撞进行检测，一旦碰撞出现就进行相应的动作。这几个过程不是完全孤立的，会有交叉。

9.3.1 背景设计

整个游戏的过程是飞机一直在天空飞行，一会儿飞越河流，一会儿飞越山谷，体现出游戏的真实性和刺激性。为完成这样的背景需要一个非常长的背景图片，这个实现起来比较困难，通常的做法是使用循环图片来实现此功能。那就是需要设计一张顶部和底部刚好重叠的相对较长的背景图片，随着背景图片不断地自动滚动，用户看到的是一张无限长的背景图片在向下移动，形成一种假象，这是一种节省资源的讨巧做法。

9.3.2 物体移动

游戏中敌机的移动和子弹的移动还有玩家自身机体的移动我们统一称为物体的移动。首先看相对简单的敌机和子弹的移动，它们实际上就是一张图片在屏幕上竖直方向上移动。然后不断刷新位置，人眼看到就像是在移动一样。其次是稍微复杂些的己方飞机的移动，它是通过玩家手指的操作来移动机体，当手指触摸屏幕的时候，先判断手指是否在飞机上，确保手指已经放在飞机上，然后通过手指的触摸事件监听不断地改变战机的位置，将手指移动的位置设置成飞机的位置，要保证飞机中央的位置在手指正下方，这样的过程不断重复就完成了己方飞机的移动。

9.3.3 边缘检测

整个游戏只有己方飞机是可以被操控的，那边缘检测也就只针对己方飞机。为保证玩家在操控己方飞机时机体不会拖到屏幕之外，要对己方飞机做边缘检测，当玩家移动己方飞机到屏幕外时限制机体无法往边缘外移动。

9.3.4 碰撞检测

游戏设计中，当子弹和敌方机体碰撞的时候即代表打中了敌机。那如何判断子弹打中了敌机？这里我们用一种较为简单的方法判断，旨在说明碰撞检测原理。

假设敌方飞机在屏幕上是一个方快，子弹也是一个方块。这两个方块在屏幕上都有绝对坐标，当这两个方块的区域有重合的时候即发生了碰撞。这样，即判断两个矩形的区域是否重合即可。这就是所谓的碰撞检测。

9.4 开发实现

此小游戏核心部分的开发实现主要有四块内容，分别是运行时准备、飞机移动、边缘检测和碰撞检测。以下对这些核心内容进行介绍。

9.4.1 运行时准备

运行时准备是游戏运行前需要准备的内容，分别从总体结构、背景实现和音效管理三个方面介绍，具体如下。

1. 总体结构

总体结构结合游戏的场景和内容，按照功能模块进行分类，一个功能使用一个文件夹，文件位于 js 文件夹中，分别是 base 基础类、libs 库类、npc 敌机类、player 玩家类、runtime

运行相关类，具体如图 9-8 所示。

```
./js
├── base                                    // 定义游戏开发基础类
│   ├── animatoin.js                        // 帧动画的简易实现
│   ├── pool.js                             // 对象池的简易实现
│   └── sprite.js                           // 游戏基本元素精灵类
├── libs
│   ├── symbol.js                           // ES6 Symbol简易兼容
│   └── weapp-adapter.js                    // 小游戏适配器
├── npc
│   └── enemy.js                            // 敌机类
├── player
│   ├── bullet.js                           // 子弹类
│   └── index.js                            // 玩家类
├── runtime
│   ├── background.js                       // 背景类
│   ├── gameinfo.js                         // 用于展示分数和结算界面
│   └── music.js                            // 全局音效管理器
├── databus.js                              // 管控游戏状态
└── main.js                                 // 游戏入口主函数
```

图 9-8　文件结构

2. 背景实现

在游戏过程中背景一直向下移动，给玩家一个错觉，飞机一直在向前飞行，其实使用的是背景滚动技术，通过一张较长的图片来完成，游戏场景复杂的话可以使用多张拼接的图片完成，但要注意下一张图片开始和上一张图片结束部分要能对接到一起，这样循环播放就不会出现不流畅的感觉。

此功能通过 BackGround 类来实现，具体方法为 update 和 render，代码如下所示。

```
1.  import Sprite from '../base/sprite'
2.
3.  const screenWidth  = window.innerWidth
4.  const screenHeight = window.innerHeight
5.
6.  const BG_IMG_SRC   = 'images/bg.jpg'
7.  const BG_WIDTH     = 512
8.  const BG_HEIGHT    = 512
9.
10. /**
11.  * 游戏背景类
12.  * 提供 update 和 render 函数实现无限滚动的背景功能
13.  */
14. export default class BackGround extends Sprite {
15.   constructor(ctx) {
16.     super(BG_IMG_SRC, BG_WIDTH, BG_HEIGHT)
17.
18.     this.top = 0
```

```
19.
20.       this.render(ctx)
21.     }
22.
23.     update() {
24.       this.top += 2
25.
26.       if ( this.top >= screenHeight )
27.         this.top = 0
28.     }
29.
30.     /**
31.      * 背景图重绘函数
32.      * 绘制两张图片，两张图片的尺寸和屏幕一致
33.      * 第一张露出高度为 top 部分，其余的部分隐藏
34.      * 第二张补全除了 top 高度之外的部分，其余的部分隐藏
35.      */
36.     render(ctx) {
37.       ctx.drawImage(
38.         this.img,
39.         0,
40.         0,
41.         this.width,
42.         this.height,
43.         0,
44.         -screenHeight + this.top,
45.         screenWidth,
46.         screenHeight
47.       )
48.
49.       ctx.drawImage(
50.         this.img,
51.         0,
52.         0,
53.         this.width,
54.         this.height,
55.         0,
56.         this.top,
57.         screenWidth,
58.         screenHeight
59.       )
```

```
60.   }
61. }
```

3. 音效管理

本游戏涉及的音效使用Music类来统一管理，主要用到3个音效，一个是背景音乐，另一个是爆炸时的音效，还有一个是子弹发出来的音效，分别对应于代码中的bgmAudio、boomAudio和shootAudio，通过相应的play方法来播放音效。具体代码如下所示。

```
1.  let instance
2.  /**
3.   * 统一的音效管理器
4.   */
5.  export default class Music {
6.    constructor() {
7.      if ( instance )
8.        return instance
9.      instance = this
10.     this.bgmAudio = new Audio()
11.     this.bgmAudio.loop = true
12.     this.bgmAudio.src  = 'audio/bgm.mp3'
13.
14.     this.shootAudio     = new Audio()
15.     this.shootAudio.src = 'audio/bullet.mp3'
16.     this.boomAudio      = new Audio()
17.     this.boomAudio.src = 'audio/boom.mp3'
18.     this.playBgm()
19.   }
20.   playBgm() {
21.     this.bgmAudio.play()
22.   }
23.   playShoot() {
24.     this.shootAudio.currentTime = 0
25.     this.shootAudio.play()
26.   }
27.   playExplosion() {
28.     this.boomAudio.currentTime = 0
29.     this.boomAudio.play()
30.   }
31. }
```

9.4.2 飞机移动

在整个游戏过程中，玩家可以操作的就是己方飞机的移动，飞机移动也是游戏中玩家可以交互的过程，玩家通过手指来控制飞机运行的轨迹，使不断发射出的子弹击落敌机。己方飞机移动控制对应的文件为 index.js，主要实现飞机的一些基本动作，如默认位置、根据手指的位置设置飞机的位置、响应手指的触摸事件改变战机的位置等。具体代码如下所示。

```
1.  import Sprite   from '../base/sprite'
2.  import Bullet   from './bullet'
3.  import DataBus  from '../databus'
4.
5.  const screenWidth    = window.innerWidth
6.  const screenHeight   = window.innerHeight
7.
8.  // 玩家相关常量设置
9.  const PLAYER_IMG_SRC = 'images/hero.png'
10. const PLAYER_WIDTH   = 80
11. const PLAYER_HEIGHT  = 80
12.
13. let databus = new DataBus()
14.
15. export default class Player extends Sprite {
16.   constructor() {
17.     super(PLAYER_IMG_SRC, PLAYER_WIDTH, PLAYER_HEIGHT)
18.
19.     // 玩家手指默认处于屏幕底部居中位置
20.     this.x = screenWidth / 2 - this.width / 2
21.     this.y = screenHeight - this.height - 30
22.
23.     // 用于在手指移动的时候标识手指是否已经在飞机上了
24.     this.touched = false
25.
26.     this.bullets = []
27.
28.     // 初始化事件监听
29.     this.initEvent()
30.   }
31.
32.   /**
33.    * 当手指触摸屏幕的时候
34.    * 判断手指是否在飞机上
35.    * @param {Number} x: 手指的 X 轴坐标
36.    * @param {Number} y: 手指的 Y 轴坐标
```

```
37.      * @return {Boolean}: 用于标识手指是否在飞机上的布尔值
38.      */
39.     checkIsFingerOnAir(x, y) {
40.       const deviation = 30
41.
42.       return !!(   x >= this.x - deviation
43.                 && y >= this.y - deviation
44.                 && x <= this.x + this.width + deviation
45.                 && y <= this.y + this.height + deviation  )
46.     }
47.
48.     /**
49.      * 根据手指的位置设置飞机的位置
50.      * 保证手指处于飞机中间
51.      * 同时限定飞机的活动范围，限制其在屏幕中
52.      */
53.     setAirPosAcrossFingerPosZ(x, y) {
54.       let disX = x - this.width / 2
55.       let disY = y - this.height / 2
56.
57.       if ( disX < 0 )
58.         disX = 0
59.
60.       else if ( disX > screenWidth - this.width )
61.         disX = screenWidth - this.width
62.
63.       if ( disY <= 0 )
64.         disY = 0
65.
66.       else if ( disY > screenHeight - this.height )
67.         disY = screenHeight - this.height
68.
69.       this.x = disX
70.       this.y = disY
71.     }
72.
73.     /**
74.      * 玩家响应手指的触摸事件
75.      * 改变战机的位置
76.      */
```

```
77.    initEvent() {
78.      canvas.addEventListener('touchstart', ((e) => {
79.        e.preventDefault()
80.
81.        let x = e.touches[0].clientX
82.        let y = e.touches[0].clientY
83.
84.        //
85.        if ( this.checkIsFingerOnAir(x, y) ) {
86.          this.touched = true
87.
88.          this.setAirPosAcrossFingerPosZ(x, y)
89.        }
90.
91.      }).bind(this))
92.
93.      canvas.addEventListener('touchmove', ((e) => {
94.        e.preventDefault()
95.
96.        let x = e.touches[0].clientX
97.        let y = e.touches[0].clientY
98.
99.        if ( this.touched )
100.         this.setAirPosAcrossFingerPosZ(x, y)
101.
102.     }).bind(this))
103.
104.     canvas.addEventListener('touchend', ((e) => {
105.       e.preventDefault()
106.
107.       this.touched = false
108.     }).bind(this))
109.   }
110.
111.   /**
112.    * 玩家射击操作
113.    * 射击时机由外部决定
114.    */
115.   shoot() {
116.     let bullet = databus.pool.getItemByClass('bullet', Bullet)
117.
```

```
118.      bullet.init(
119.        this.x + this.width / 2 - bullet.width / 2,
120.        this.y - 10,
121.        10
122.      )
123.
124.      databus.bullets.push(bullet)
125.    }
126. }
```

在飞机移动过程中还伴随子弹的射击，这个使用 shoot 方法来实现，不断地将子弹装入飞机中并射击出去，方向是飞机的正前方。

9.4.3 边缘检测

边缘检测相对来说要简单一些，主要是实时地检测物体位置是否超出屏幕位置。屏幕的高度和宽度分别用 screenWidth 和 screenHeight 来表示。己方飞机控制时使用如下代码来进行边缘检测，飞机碰到边缘时将飞机的位置调整过来。

```
1.       /**
2.      * 根据手指的位置设置飞机的位置
3.      * 保证手指处于飞机中间
4.      * 同时限定飞机的活动范围，限制在屏幕中
5.      */
6.   setAirPosAcrossFingerPosZ(x, y) {
7.       let disX = x - this.width / 2
8.       let disY = y - this.height / 2
9.       if ( disX < 0 )
10.        disX = 0
11.      else if ( disX > screenWidth - this.width )
12.        disX = screenWidth - this.width
13.      if ( disY <= 0 )
14.        disY = 0
15.      else if ( disY > screenHeight - this.height )
16.        disY = screenHeight - this.height
17.      this.x = disX
18.      this.y = disY
19.  }
```

9.4.4 碰撞检测

可以将碰撞问题简化，将两个对象简化为两个矩形，如果一方的顶点进入了另一方矩形范围的区域，则为发生了碰撞。这里，我们以敌机（*e*）为参考对象，计算出敌机的碰撞范围（横纵坐标的范围值），与己方的中心坐标进行比较，如果己方飞机或者子弹的中心坐

标进入了敌机的碰撞范围，则触发爆炸效果。碰撞示意如图 9-9 所示。

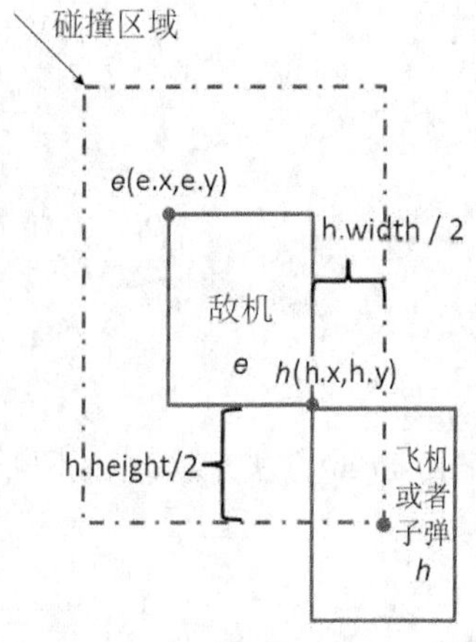

- h的中心点横坐标: h.x + h.width /2
- h的x碰撞范围: e.x-h.width/2 ~ e.x+e.width+h.width/2
- h的中心点纵坐标: h.y+h.height/2
- h的y碰撞范围: e.y-h.height/2 ~ e.y+e.height+h.height/2

图 9-9　碰撞示意

根据图示，使用 isCollideWith 方法来检测是否碰撞，具体代码如下所示。

```
1.    /**
2.     * 简单的碰撞检测定义：
3.     * 另一个元素的中心点处于元素所在的矩形内即可
4.     * @param{Sprite} sp: Sptite 的实例
5.     */
6.    isCollideWith(sp) {
7.      let spX = sp.x + sp.width / 2
8.      let spY = sp.y + sp.height / 2
9.
10.     if ( !this.visible || !sp.visible )
11.       return false
12.
13.     return !!(   spX >= this.x
14.               && spX <= this.x + this.width
15.               && spY >= this.y
16.               && spY <= this.y + this.height  )
17.   }
```

使用时，在 main.js 文件中调用此方法，一个是子弹的碰撞检测，另一个是敌机的碰撞检测，具体用法如下。

```
1.    // 全局碰撞检测
2.    collisionDetection() {
3.      let that = this
4.      databus.bullets.forEach((bullet) => {
5.        for ( let i = 0, il = databus.enemys.length; i < il;i++ ) {
6.          let enemy = databus.enemys[i]
```

```
7.          if ( !enemy.isPlaying && enemy.isCollideWith(bullet) ) {
8.            enemy.playAnimation()
9.            that.music.playExplosion()
10.
11.           bullet.visible = false
12.           databus.score  += 1
13.           break
14.         }
15.       }
16.     })
17.     for ( let i = 0, il = databus.enemys.length; i < il;i++ ) {
18.       let enemy = databus.enemys[i]
19.       if ( this.player.isCollideWith(enemy) ) {
20.         databus.gameOver = true
21.         break
22.       }
23.     }
24.   }
```

9.5 本章小结

本章介绍了一款官方的微信小游戏——飞机大战，从需求到功能设计再到开发实现，详细地介绍了设计游戏、实现游戏的开发全过程。同时对物体移动、边缘检测、碰撞检测等游戏中常用的细节进行了分析、介绍，以便读者掌握这些常用的规范和用法，让开发者全面了解小游戏的开发全过程，从而为后续的学习和实践打下扎实的基础。

第⑩章　综合实例——在线商场

学习目标

- 了解小程序综合项目的开发流程。
- 掌握小程序综合项目分析方法。
- 掌握小程序综合功能实现的方法。

本章将以一个在线商场——天添购物小程序为例，介绍电商类小程序的设计分析和开发过程。微信小程序借助微信平台可以在微信内便捷地获取和传播，同时具有出色的使用体验，形成了一种主流的线上线下微信互动营销方式，电商类小程序是最具有竞争力的一类微信小程序，能够方便快捷地为用户提供服务。

在线商场的主要页面有首页、购物车和我的 3 个页面，用户可以在小程序上完成全部购物活动，从查询物品开始到查看商品详情，加入购物车到网上下单，再到订单查询、售后反馈等一整套网上购物流程都可以顺利走下来，并能够获得较好的体验。

10.1　项目介绍

在线商场是传统商家把线下的场景结合互联网技术移植到网上，用户可以随时在网上选择心仪的商品，然后下单、支付、物流、售后，购物的整个流程都可以在线上完成，操作也比较方便。本章将分析在线商场的功能设计和开发实现，剖析页面使用了哪些小程序的组件，并解析相应组件的技术特征。本项目主要页面有 3 个：分别是首页、购物车页面和我的页面。

10.2　功能设计

功能设计是软件开发过程中非常重要的一环，根据天添商场的功能分析，这里将对底部导航栏、首页、购物车页面、我的页面等具有代表性的功能进行介绍。

10.2.1　底部导航栏

结合天添购物小程序的需求和功能，在小程序底部设计一个导航栏，也就是每个页面都会在底部显示的导航栏，这也是大多数线上商城小程序的做法，导航栏上放置了 3 个菜单，依次为首页、购物车、我的，可以根据需求增减。当用户选中其中一个菜单时，选中菜单的文字颜色变为红色，图标也相应地变为红色，页面也相应地切换到菜单页面，如图 10-1 所示。

图 10-1　导航栏

10.2.2　首页

首页是天添购物的默认页面，也是吸引用户购买的重要页面，因此在此页面上从上到下有很多功能块。现对功能块进行分析，首先最上面的是搜索块，包括搜索框和热搜；然后是导航菜单块，有 4 个菜单，分别是领优惠券、扫码购物、物流查询和商品分类；然后是天添秒杀，显示当前进行的秒杀及即将开始的天添秒杀；接着是精选商品列表，通过滑动屏幕可以查看更多商品列表；最下方是底部导航栏，如图 10-2 所示。

图 10-2　首页

10.2.3　购物车

购物车页面是购物环节中很重要的一个页面，主要用来显示加入购物车的商品。用户在浏览商品时，可以将心仪的商品直接加入到购物车，不影响商品浏览，只是在购物车页面多增加了一个商品信息。用户浏览完成后，单击导航栏上“购物车”菜单进入购物车页面，加入购物车的商品可以增减数量或者选择性进行结算，结算时金额实时显示在页面上，如图 10-3 所示。

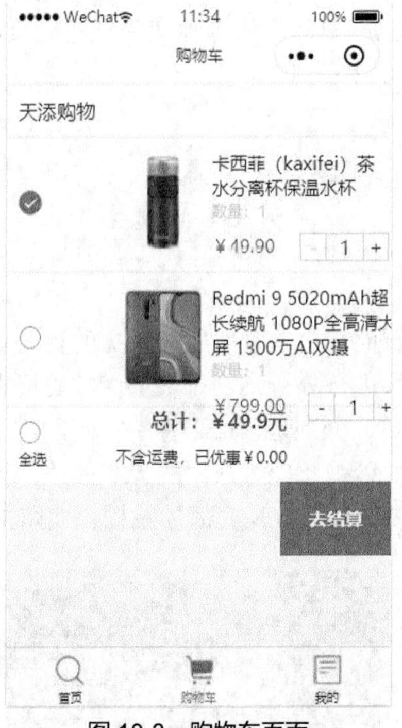

图 10-3　购物车页面

10.2.4　我的

我的页面主要展示和用户相关的一些信息，如个人资料、全部订单、待付款、待收货、优惠券等内容，如图 10-4 所示，每个内容单击进去可以查看详细信息。

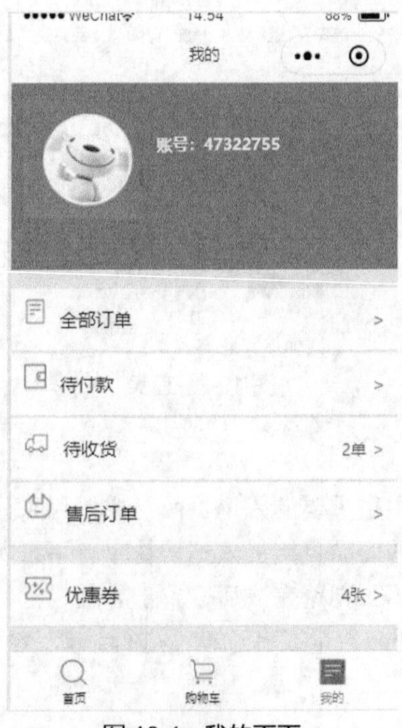

图 10-4　我的页面

10.3 开发实现

10.3.1 底部导航栏

大多数电商购物平台或复杂一点的应用的页面最下方都会有底部导航栏，不管进入到哪个页面，这个导航栏是一直存在的，方便用户跳转到想要的页面，微信小程序可以很方便地实现此功能。首先新建一个小程序项目，为每个功能块新建一个文件夹，在项目文件下有一个 app.json 文件，在这里设置导航栏。具体代码如下。

```
1.  {
2.    "pages": [
3.      "pages/index/index",
4.      "pages/detail/detail",
5.      "pages/buy/buy",
6.      "pages/search/search",
7.      "pages/shoppingcart/shoppingcart",
8.      "pages/me/me",
9.      "pages/coupon/coupon",
10.     "pages/waitgoods/waitgoods"
11.   ],
12.   "window": {
13.     "backgroundTextStyle": "light",
14.     "navigationBarBackgroundColor": "#C81623",
15.     "navigationBarTitleText": "天添购物",
16.     "navigationBarTextStyle": "white"
17.   },
18.   "tabBar": {
19.     "backgroundColor": "#ffffff",
20.     "selectedColor": "#E4393C",
21.     "list": [
22.       {
23.         "pagePath": "pages/index/index",
24.         "text": "首页",
25.         "iconPath": "/images/bar/search-0.jpg",
26.         "selectedIconPath": "/images/bar/search-1.jpg"
27.       },
28.       {
29.         "pagePath": "pages/shoppingcart/shoppingcart",
30.         "text": "购物车",
31.         "iconPath": "/images/bar/shoppingcart-0.jpg",
32.         "selectedIconPath": "/images/bar/shoppingcart-1.jpg"
33.       },
```

```
34.         {
35.           "pagePath": "pages/me/me",
36.           "text": "我的",
37.           "iconPath": "/images/bar/order-0.jpg",
38.           "selectedIconPath": "/images/bar/order-1.jpg"
39.         }
40.       ]
41.     },
42.     "sitemapLocation": "sitemap.json"
43.  }
```

代码中第 2 行 pages 方括号内的内容是页面导航对应的路径列表，用于指定小程序由哪些页面组成，每一项都对应一个页面的路径（含文件名）信息，文件名不需要写文件后缀，系统会自动寻找对应位置的 json、js、wxml、wxss 文件进行处理。该内容是一个数组，数组的第一个元素为小程序打开时默认打开的页面，也就是首页。代码中第 12 行 window 花括号中的内容是全局默认窗口的内容，用于设置小程序的状态栏、导航条、标题、窗口背景色。代码中第 18 行 tabBar 是实现导航栏的设置功能，如果小程序是一个多 tab 应用（客户端窗口的底部或顶部有 tab 栏可以切换页面），可以通过 tabBar 配置项指定 tab 栏的呈现，以及 tab 切换时显示的对应页面。此小程序的 tabBar 设计了 3 个 tab 切换，分别是首页、购物车页面和我的页面，每个页面都对应有路径、名称、图标及选中时的图标。导航示意图如图 10-5 所示。

图 10-5　导航示意图

10.3.2　首页

天添购物小程序的首页主要包括两部分内容：一是商品搜索区域和四格导航设计，二是商品列表显示区域。首页所有文件放在 index 文件夹中，开发过程中的原则是每个功能块为一个文件夹，这样方便管理和维护。首页中，最上部分为搜索区域，主要显示天添优势和搜索框，接着就是四格导航的内容，根据设计这里是一行 4 个带图标的导航菜单，分别是领优惠券、扫码购物、物流查看和商品分类，如图 10-6 所示。

图 10-6　搜索及图标导航示意图

从顶端到搜索框整个底色设计的是天添常用的红色，查询框为白色圆角输入框。查询框内绑定了 search 方法，根据输入的内容查找出商品，可以在对应的 index.js 文件中查看此方法。搜索框下方是 4 个对应的导航菜单，上方为图标，下方为文字，通过样式来控制，这部分页面 wxml 代码如下。

```
1.  <!—搜索区域-->
2.  <view class="content">
3.    <view class="bg">
```

```
4.       <view class="logo">
5.         <view class="first">您 的 天添</view>
6.         <view class="second">多  ·  快  ·  好  ·  省</view>
7.       </view>
8.       <view class="search" bindtap="search">
9.         <view>
10.          <image src="/images/icon/search.jpg" style="width:20px;height:
           21px;"></image>搜索天添商品
11.        </view>
12.      </view>
13.    </view><!--导航-->
14.  <view class="nav" style="margin-top:20px;">
15.    <view class="item" bindtap="navBtn">
16.      <view>
17.        <image src="/images/pic/lyhq.jpg" style="width:33px;height:30px;">
           </image>
18.      </view>
19.      <view>
20.        领优惠券
21.      </view>
22.    </view>
23.    <view class="item" bindtap="navBtn">
24.      <view>
25.        <image src="/images/pic/smgw.jpg" style="width:33px;height:30px;">
           </image>
26.      </view>
27.      <view>
28.        扫码购物
29.      </view>
30.    </view>
31.    <view class="item" bindtap="navBtn">
32.      <view>
33.        <image src="/images/pic/wlcx.jpg" style="width:33px;height:30px;">
           </image>
34.      </view>
35.      <view>
36.        物流查询
37.      </view>
38.    </view>
39.    <view class="item" bindtap="navBtn">
40.      <view>
```

```
41.         <image src="/images/pic/spfl.jpg" style="width:33px;height:30px;">
            </image>
42.       </view>
43.       <view>
44.         商品分类
45.       </vicw>
46.     </view>
47. </view>
```

四格导航下方是天添秒杀和商品列表，天添秒杀每两个小时开始一个秒杀，同时显示当前正在进行的秒杀，此处提示为抢购中，时间框和字体都用红色高亮显示，没有开始的秒杀则用灰色。秒杀下方是商品列表，每个商品作为一个块展示，底色为白色，分为左右两个部分，左边是商品缩略图，右边从上到下分别是商品名称、价格、已售百分比、立即购买，如图 10-7 所示。

图 10-7　秒杀、商品示意图

这部分页面 wxml 代码如下。

```
1.  <view class="hr"></view>
2.  <view class="menu">天添秒杀</view>
3.  <!-- 秒杀 -->
4.  <view class="seckill ">
5.      <view class="stage">
6.          <view class="time">12:00</view>
7.          <view style="color:#C81623">抢购中</view>
8.      </view>
9.      <view class="stage">
10.         <view class="timeDefult">14:00</view>
11.         <view>即将开始</view>
12.     </view>
13.     <view class="stage">
14.         <view class="timeDefult">16:00</view>
```

```
15.         <view>即将开始</view>
16.     </view>
17.     <view class="stage">
18.         <view class="timeDefult">18:00</view>
19.         <view>即将开始</view>
20.     </view>
21.     <view class="stage">
22.         <view class="timeDefult">20:00</view>
23.         <view>即将开始</view>
24.     </view>
25. </view>
26. <view class="line"></view>
27.   <!--商品列表-->
28.   <view class="list">
29.     <block wx:for="{{goods}}">
30.       <view class="good">
31.         <view class="pic">
32.           <image src="{{item.pic}}" mode="aspectFit" style="width:110
              px;height:110px;"></image>
33.         </view>
34.         <view class="movie-info">
35.           <view class="base-info">
36.             <view class="name">{{item.name}}</view>
37.             <view class="people">
38.               <text class="price">¥{{item.nowPrice}}</text>
39.               <text class="org">¥{{item.oldPrice}}</text> </view>
40.             <view class="sale">
41.               <view class="saleCount">已售 {{item.soldCount}}%</view>
42.               <view class="saleProjess">
43.                 <progress percent="{{item.soldCount}}" stroke-width=
                    "6" color="#EC7476" />
44.               </view>
45.             </view>
46.             <view class="btn" id="{{item.id}}" bindtap="detail">立即抢
                购</view>
47.           </view>
48.         </view>
49.       </view>
50.     </block>
51.   </view>
52. </view>
```

整个页面对应的数据和调用的方法，全部在 index.js 文件中。将商品列表定义成 goods 数据，页面加载过程中通过后台将商品列表的数据赋值到 goods 当中。当用户单击查询时跳转到查询页面，当单击商品时就跳转到商品的明细页面。具体的代码如下。

```
1.   Page({
2.    data:{
3.      goods:[]
4.    },
5.    search:function(){
6.      wx.navigateTo({
7.        url: '../search/search'
8.      })
9.    },
10.   onLoad:function(){
11.     this.loadGoods();
12.   },
13.   loadGoods:function(){
14.     var page = this;
15.     var goods = wx.getStorageSync("goods");
16.     page.setData({goods:goods});
17.   },
18.   detail:function(e){
19.     console.log(e);
20.     var id = e.target.id;
21.     console.log(id);
22.     wx.navigateTo({
23.       url: '../detail/detail?id='+id,
24.     })
25.   },
26.   onShareAppMessage: function (res) {
27.     return {
28.       title: '天添购物首页',
29.       path: '/page/index/index',
30.       success: function (res) {
31.           // 转发成功
32.       },
33.       fail: function (res) {
34.         // 转发失败
35.       }
36.     }
```

```
37.     }
38. })
```

页面结构相当于页面骨架，如果想让页面看起来美观或风格一致，就需要使用样式来美化页面。样式对于页面展示给用户的效果是非常重要的，小程序每一个页面都有一个同名的以 wxss 为扩展名的文件作为样式控制。本页面的样式文件是 index.wxss，文件中按照样式规范对页面上不同的标签使用不同的样式控制，如将整个页面的字体设为微软雅黑，设置顶端背景颜色，以及 logo 的位置、大小等。在样式的控制下页面看起来更加协调，本页面具体的样式代码如下。

```
1.  .content{
2.    font-family: "Microsoft YaHei";
3.  }
4.  .bg{
5.    width: 100%;
6.    height: 170px;
7.    background-color: #C81623;
8.    text-align: center;
9.  }
10. .logo{
11.   padding-top:20px;
12.   color: #ffffff;
13. }
14. .first{
15.   font-size:24px;
16.   font-weight: bold;
17. }
18. .second{
19.   font-size: 14px;
20. }
21. .search{
22.   height: 40px;
23.   width: 96%;
24.   background-color: #ffffff;
25.   margin: 0 auto;
26.   margin-top:30px;
27.   border-radius: 50px;
28.   line-height: 40px;
29. }
30. .search view{
31.   text-align: center;
32.   width: 100%;
```

```
33.   font-size: 15px;
34.   color: #999999;
35. }
36. .title{
37.    padding: 10px;
38.    font-sizc: 13px;
39.    color: #999999;
40. }
41. .item{
42.    margin-top:10px;
43.    text-align: center;
44.    font-size: 15px;
45.    width: 24%;
46.    display: inline-block;
47.    margin-bottom: 20px;
48. }
49. .hr{
50.   background: #E8E8ED;
51.   height: 10px;
52. }
53. .menu{
54.   text-align: center;
55.   margin-top:10px;
56.   margin-bottom: 10px;
57. }
58. .seckill{
59.   display: flex;
60.   flex-direction: row;
61. }
62. .stage{
63.   width: 25%;
64.   text-align: center;
65.   font-size: 12px;
66. }
67. .time{
68.   background-color: #C81623;
69.   width: 90%;
70.   color: #ffffff;
71.   height: 30px;
72.   line-height: 30px;
73.   border-radius: 20px;
```

```
74.   margin-left: 5px;
75. }
76. .timeDefult{
77.   background-color: #f2f2f2;
78.   width: 90%;
79.   height: 30px;
80.   line-height: 30px;
81.   border-radius: 20px;
82.   margin-left: 5px;
83. }
84. .line{
85.   border:1px solid #f2f2f2;
86.   opacity: 0.5;
87.   margin-top:10px;
88.   margin-bottom: 10px;
89. }
90. .list{
91.   margin-top: 10px;
92.   margin-bottom: 10px;
93. }
94. .good{
95.     display: flex;
96.     flex-direction: row;
97.     width: 90%;
98.     margin: 0 auto;
99.     border: 1px solid #cccccc;
100.     box-shadow: -3px 0px 9px #ececec,0px -3px 9px #ececec,0px 3px
         9px #ececec,0px 0px 9px #ececec;
101.     margin-bottom: 10px;
102.     align-items: center;
103. }
104. .pic image{
105.     width:80px;
106.     height:100px;
107.     padding:10px;
108. }
109. .base-info{
110.     font-size: 13px;
111.     padding-top: 10px;
112.     line-height: 20px;
```

```
113. }
114. .name{
115.     font-size: 15px;
116.     font-weight: bold;
117.     color: #000000;
118. }
119. .people{
120.     color: #555555;
121.     margin-top: 5px;
122.     margin-bottom: 5px;
123. }
124. .price{
125.     font-size: 22px;
126.     color: #E53D30;
127. }
128. .org{
129.   text-decoration: line-through;
130.   margin-left: 5px;
131.   margin-right: 5px;
132. }
133. .desc{
134.     color: #333333;
135. }
136. .sale{
137.   display: flex;
138.   flex-direction: row;
139.   align-items: center;
140. }
141. .saleCount{
142.   width:40%;
143.   font-size: 15px;
144.   color: #666666;
145. }
146. .saleProjess{
147.   width: 60%;
148. }
149. .btn{
150.   background: #F46366;
151.   width: 100px;
152.   color: #ffffff;
153.   height: 25px;
```

```
154.    line-height: 25px;
155.    font-size: 15px;
156.    text-align: center;
157.    margin-top:10px;
158.    border-radius:3px;
159.    margin-bottom: 10px;
160. }
```

10.3.3　商品明细页面

用户在首页上查看商品，如果想进一步了解商品详情，可以通过单击商品图片或“立即抢购”按钮跳转到商品明细页面。商品明细页面从上到下依次为轮播图片、商品现价、商品原价、商品名称、优惠券、促销、颜色、数量、地址、商家承诺等，最下方是一行按钮，最左边是一个购物车的图标，中间是“加入购物车”，最右边是“立即购买”，如图 10-8 所示，左边是打开页面时的截图，右边是滑动到下方的截图。

图 10-8　商品明细示意图

商品明细页面最上方是图片轮播，以图片的形式为用户展示商品的各方面信息。此功能使用的是 swiper 滑块视图容器，此组件通过配置 autoplay、duration 和 touch 等属性可以方便地实现自动播放和滑动切换。为实现不同商品信息的自动加载，将此功能上的属性值设置成变量，通过 onload 方法在页面打开时将需要的数据自动加载，实现轮播的动态加载，其中 wxml 文件部分实现代码如下。

```
1.    <view class="haibao">
2.      <swiper indicator-dots="{{indicatorDots}}" autoplay="{{autoplay}}"
      interval="{{interval}}" duration="{{duration}}" indicator-color=
```

```
        "#f2f2f2"indicator-active-color="#C81623" style="height:350px;">
3.          <block wx:for="{{imgUrls}}">
4.            <swiper-item>
5.              <image src="{{item}}" class="silde-image"></image>
6.            </swiper-item>
7.          </block>
8.        </swiper>
9.      </view>
```

js 文件需要定义 data 数据结构，同时实现动态加载方法，具体代码如下。

```
1.      data: {
2.        indicatorDots: true,
3.        autoplay: true,
4.        interval: 5000,
5.        duration: 1000,
6.        imgUrls: [],
7.        good:{},
8.        quantity:0
9.      },
10.     onLoad:function(e){
11.       var id = e.id;
12.       this.initData(id);
13.       var orders = wx.getStorageSync("orders");
14.       this.setData({ quantity: orders.length});
15.     },
```

商品明细页面轮播下方的内容通过 view 和 block 块来实现，分成 4 个部分来展示，分别是领券、促销、颜色及数量选择、地址及承诺信息，通过样式来控制各个部分的区分。同样，当前价格、原来价格、优惠券也是使用变量动态加载数据显示，如图 10-9 所示。

图 10-9　商品明细文本示意图

对应的wxml文件部分代码如下。

```
1.    <view class="btn">
2.      <view class="nowPrice">¥{{good.nowPrice}}</view>
3.      <view class="oldPrice">
4.        <view class="old">¥{{good.oldPrice}}</view>
5.        <view class="seckill">天添秒杀</view>
6.      </view>
7.    </view>
8.    <view class="title">{{good.name}}</view>
9.    <view class="hr"></view>
10.   <block wx:if="{{good.coupon.length > 0}}">
11.     <view class="promotion">
12.       <view>领券</view>
13.       <block wx:for="{{good.coupon}}">
14.         <view class="item">{{item}}</view>
15.       </block>
16.     </view>
17.     <view class="hr"></view>
18.   </block>
19.   <block wx:if="{{good.promotion.length > 0}}">
20.     <view class="promotion">
21.       <view>促销</view>
22.       <block wx:for="{{good.promotion}}">
23.         <view class="item">{{item}}</view>
24.       </block>
25.     </view>
26.     <view class="hr"></view>
27.   </block>
28.   <view class="desc">已选
29.     <block wx:if="{{good.color.length > 0}}">
30.       {{good.color[0]}}
31.     </block>
32.     <block wx:if="{{good.size.length > 0}}">
33.       {{good.size[0]}}
34.     </block>
35.     , 1个
36.   </view>
37.   <view class="line"></view>
38.
39.   <block wx:if="{{good.color.length > 0}}">
40.     <view class="condition">
```

```
41.        <text class="conditionName">颜色</text>
42.        <view class="tips">
43.          <block wx:for="{{good.color}}">
44.            <view wx:if="{{index ==0}}" class="tip select"> {{item}} </view>
45.            <view wx:else class="tip"> {{item}} </view>
46.          </block>
47.        </view>
48.      </view>
49.    </block>
50.    <block wx:if="{{good.size.length > 0}}">
51.      <view class="condition">
52.        <text class="conditionName">尺寸</text>
53.        <view class="tips">
54.          <block wx:for="{{good.size}}">
55.            <view wx:if="{{index ==0}}" class="tip select"> {{item}} </view>
56.            <view wx:else class="tip"> {{item}} </view>
57.          </block>
58.        </view>
59.      </view>
60.    </block>
61.    <view class="condition">
62.      <text class="conditionName">数量</text>
63.      <view class="tips">
64.        <view class="priceInfo">
65.          <view class="minus">-</view>
66.          <view class="count">{{good.count}}</view>
67.          <view class="add">+</view>
68.        </view>
69.      </view>
70.    </view>
71.    <view class="hr"></view>
72.    <view class="desc">地址 {{good.address}}</view>
73.    <view class="line"></view>
74.    <view class="desc"><text class="xh">[现货] </text> <text class=
    "xhdesc">{{good.desc}}</text></view>
75.    <view class="line"></view>
76.    <view class="promise">
77.      <block wx:for="{{good.promise}}">
78.        <icon type="success" size="15" color="red" />{{item}}
79.      </block>
80.    </view>
```

```
81.    <view class="hr"></view>
82.    <view style="height:50px;"></view>
83. </view>
```

最下方为购物车图标和数量、“加入购物车”“立即购买”按钮，在一行中显示，使用一个 view 组件来实现。购物车图标和数量通过一个购物车图标和动态加载当前购物车数量来实现，后面两个按钮通过子 view 来实现，分别增加了单击的事件，一个为加入购物车 addGood 方法，另一个为立即购买 buy 方法。对应的 wxml 文件部分代码如下。

```
1.     <view class="buyBtns">
2.       <view class="shoppingcart">
3.         <view class="num">{{quantity}}</view>
4.         <image src="/images/icon/cart_no_num.jpg" style="width:45px;height:
           39px;"></image>
5.       </view>
6.       <view class="intocart" bindtap="addGood" id="{{good.id}}">加入购物
         车</view>
7.       <view class="buy" id="{{good.id}}" bindtap="buy">立即购买</view>
8.     </view>
```

addGood 方法是将商品添加到购物车，首先判断购物车里是否有该商品，如果有，就在数量上加 1，如果购物车里没有该商品，就添加到购物车里。而立即购买方法是做一个跳转，跳转的时候通过链接传递商品的 id，转到购买页面上进行后续的购买操作。对应的 js 文件部分代码如下。

```
1.  addGood:function(e){//添加商品到购物车
2.      console.log(e);
3.      var id = e.target.id;
4.      var orders = wx.getStorageSync("orders");
5.      var flag=true;
6.      var newOrders=[];
7.      if (orders){//先判断购物车里是否有该商品，如果有，就在数量上加 1
8.         for(var i=0;i<orders.length;i++){
9.            var order = orders[i];
10.           if(id==order.id){
11.              order.quantity = order.quantity +1;
12.              flag=false;
13.           }
14.           newOrders.push(order);
15.        }
16.     }
17.     if(flag){//如果购物车里没有该商品，就添加到购物车里
18.       var goods = wx.getStorageSync("goods");
19.       for(var i=0;i<goods.length;i++){
```

```
20.             var good = goods[i];
21.             if(id==good.id){
22.               good.quantity=1;
23.               newOrders.push(good);
24.               break;
25.             }
26.         }
27.     }
28.     wx.setStorageSync("orders", newOrders);//将商品保存到本地数据
29.     wx.showToast({//提示保存成功
30.       title: '成功',
31.       icon: 'success',
32.       duration: 2000
33.     });
34.     var page = this;
35.     page.setData({ quantity: newOrders.length});//购物车数量显示
36.   },
37.   buy:function(e){//直接购买
38.     var id = e.target.id;
39.     wx.navigateTo({
40.       url: '../buy/buy?id='+id,
41.     })
42.   }
```

商品明细页面对应的样式代码如下。

```
1.  .content{
2.    font-family: "Microsoft YaHei";
3.  }
4.  .haibao{
5.      text-align: center;
6.      width: 100%;
7.  }
8.  .silde-image{
9.      width: 100%;
10.     height: 350px;
11. }
12. .btn{
13.   background-color: #ED4D57;
14.   height: 40px;
15.   display: flex;
16.   flex-direction: row;
```

```
17. }
18. .nowPrice{
19.   width:70%;
20.   line-height: 40px;
21.   font-size: 28px;
22.   color: #ffffff;
23.   text-align: center;
24. }
25. .oldPrice{
26.   width:30%;
27.   font-size: 13px;
28.   color: #ffffff;
29. }
30. .old{
31.   text-decoration: line-through;
32.   font-size: 15px;
33. }
34. .seckill{
35.   border: 1px solid #ffffff;
36.   width:60px;
37.   text-align: center;
38. }
39. .title{
40.   margin:10px;
41. }
42. .hr{
43.   height: 10px;
44.   background-color: #f2f2f2;
45. }
46. .promotion{
47.   display: flex;
48.   flex-direction: row;
49.   margin:10px;
50.   align-items: center;
51.   font-size: 16px;
52. }
53. .item{
54.   border: 1px solid #ED4D57;
55.   color: #ED4D57;
56.   font-size: 13px;
```

```
57.   height: 20px;
58.   line-height: 20px;
59.   padding-left:5px;
60.   padding-right: 5px;
61.   margin-left: 5px;
62.   border-radius: 3px;
63. }
64. .desc{
65.   margin: 10px;
66.   font-size: 16px;
67. }
68. .line{
69.   border:1px solid #f2f2f2;
70.   opacity: 0.5;
71. }
72. .condition{
73.   margin: 10px;
74.   font-size: 16px;
75.   color: #999999;
76.   clear: both;
77. }
78. .conditionName{
79.   margin-right: 20px;
80.   position: absolute;
81. }
82. .tips{
83.   margin-left: 40px;
84. }
85. .tip{
86.     background-color: #E8E8ED;
87.     height:25px;
88.     line-height: 25px;
89.     border-radius: 3px;
90.     text-align: center;
91.     font-size: 15px;
92.     margin-right: 10px;
93.     float: left;
94.     margin-bottom: 10px;
95.     padding-left: 10px;
96.     padding-right: 10px;
97. }
```

```
98. .select{
99.   background-color: #ED4D57;
100.    color: #ffffff;
101. }
102. .priceInfo{
103.      display: flex;
104.      flex-direction: row;
105.      margin-top:10px;
106.      height: 30px;
107. }
108. .minus,.add{
109.      border: 1px solid #cccccc;
110.      width: 25px;
111.      text-align: center;
112.      line-height: 30px;
113. }
114. .count{
115.      border-top: 1px solid #cccccc;
116.      border-bottom: 1px solid #cccccc;
117.      width: 40px;
118.      text-align: center;
119.      line-height: 30px;
120. }
121. .xh{
122.   color: #ED4D57;
123.   font-size: 15px;
124. }
125. .xhdesc{
126.   color: #999999;
127.   font-size: 15px;
128. }
129. .promise{
130.   font-size: 14px;
131.   margin:10px;
132. }
133. .promise icon{
134.   margin-left:10px;
135. }
136. .buyBtns{
137.   position: fixed;
```

```
138.   bottom: 0px;
139.   height: 40px;
140.   width: 100%;
141.   display: flex;
142.   flex-direction: row;
143. }
144. .shoppingcart{
145.   width:16%;
146.   background-color: #ffffff;
147.   text-align: center;
148. }
149. .intocart{
150.   width:42%;
151.   background-color: #FF9600;
152.   color: #ffffff;
153.   text-align: center;
154.   line-height: 40px;
155. 
156. }
157. .buy{
158.   width:42%;
159.   background-color: #E3393C;
160.   color: #ffffff;
161.   text-align: center;
162.   line-height: 40px;
163. }
164. .num{
165.   z-index: 999;
166.   width:16px;
167.   height: 16px;
168.   border-radius: 50%;
169.   background-color: #E3393C;
170.   position: absolute;
171.   left: 35px;
172.   bottom:27px;
173.   font-size: 12px;
174.   color: #ffffff;
175. }
```

10.3.4 购物车页面

购物车的主要功能是显示用户选择的物品，进行商品结算。整个页面色调为白色，简洁大方，页面上方是购物车的标题，它的下方是放入购物车的商品，每个商品使用一个块来表示，块从左到右依次为选择按钮、缩略图和商品信息。在商品信息内由上到下分别是商品名称、数量、价格和可以修改数量的增加/减少按钮。购物车示意图如图 10-10 所示。购物车要实现和首页购物保持一致，如用户在首页商品详情中加入购物车，则在购物车内要显示这些商品信息，同时用户可以在购物页面修改数量，修改数量后总价也要实时地变化，也可以选择是否购买，当然价格也要根据选择来变化。然后单击“去结算”进入结算过程，由于个人用户无法开通微信小程序商户支付业务，此功能没有实现。

图 10-10　购物车示意图

为了动态展示购物车中的商品，这里使用了循环标签来实现。先将所有的订单存放在一个订单数组中，通过<block wx:for="{{orders}}">来实现循环动态展示，具体页面的 wxml 代码如下。

```
1.  <view class="content">
2.    <view class="info">
3.      <view class="line"></view>
4.      <view class="receive">
5.        天添购物
6.      </view>
7.      <view class="line"></view>
8.      <view class="items">
9.        <checkbox-group bindchange="checkboxChange">
10.         <block wx:for="{{orders}}">
11.           <view class="item">
```

```
12.            <view class="icon">
13.              <label for="{{item.id}}">
14.                <checkbox id="{{item.id}}" value="{{item.id}}" checked=
                   "{{item.selected}}" hidden/>
15.                <icon type="{{item.selected==true?'success':'circle'}}"
                   color="#E4393C" data-value="{{item.id}}" size="20" />
16.              </label>
17.
18.            </view>
19.            <view class="pic">
20.              <image src="{{item.pic}}" style="width:80px;height:80px;">
                 </image>
21.            </view>
22.            <view class="order">
23.              <view class="title">{{item.name}}</view>
24.              <view class="desc">
25.                <view>数量：{{item.quantity}}</view>
26.              </view>
27.              <view class="priceInfo">
28.                <view class="price">￥{{item.nowPrice}}</view>
29.                <view class="minus" id="{{item.id}}" bindtap="minus
                   Orders">-</view>
30.                <view class="count">{{item.quantity}}</view>
31.                <view class="add" id="{{item.id}}" bindtap="addOrders">+
                   </view>
32.              </view>
33.            </view>
34.          </view>
35.          <view class="line"></view>
36.        </block>
37.      </checkbox-group>
38.      <checkbox-group bindchange="checkAll">
39.        <view class="totalInfo">
40.          <view class="all">
41.            <view>
42.              <label for="boxAll">
43.                <checkbox checked="{{selectedAll}}" id="boxAll" hidden/>
44.                <icon type="{{selectedAll==true?'success':'circle'}}"
                   color="#E4393C" data-value="{{item.id}}" size="20" />
45.              </label>
46.
```

```
47.             </view>
48.             <view>
49.               全选
50.             </view>
51.           </view>
52.           <view class="amount">
53.             <view class="total">
54.               总计: ¥{{totalPrice}}元
55.             </view>
56.             <view>
57.               不含运费，已优惠¥0.00
58.             </view>
59.           </view>
60.           <view class="opr">去结算</view>
61.         </view>
62.       </checkbox-group>
63.     </view>
64.   </view>
65. </view>
```

对应购物车的功能，在 js 文件中增加了 3 个临时数据，分别记录购物车商品信息的集合、全选按钮是否选中和总金额。页面加载时调用 loadOrders 方法加载购物商品信息，然后检测是否选中每个商品信息前面的选择按钮，对应的方法为 checkboxChange；全选的按钮检测函数为 checkAll；当用户增加商品数量或减少商品数量时会触发相应的增减方法，对应的方法分别为 addOrders 和 minusOrders。具体对应的 js 文件代码如下。

```
1.  Page({
2.    data:{
3.      orders:[],//加入到购物车里的商品集合
4.      selectedAll:false,//全选按钮标志位，true 代表全选选中，false 代表全选未选中
5.      totalPrice:0 //总金额
6.    },
7.    onLoad:function(options){
8.      this.loadOrders();
9.      wx.setNavigationBarTitle({//动态修改页面标题文字
10.       title: '购物车'
11.     })
12.     wx.setNavigationBarColor({
13.       frontColor: '#000000',//导航文字颜色
14.       backgroundColor: '#ffffff',//导航背景色
15.       animation: {//动画效果
16.         duration: 400,
17.         timingFunc: 'easeIn'
```

```
18.         }
19.       })
20.     },
21.     loadOrders:function(){ //加载购物车里的商品
22.       var orders = wx.getStorageSync('orders');//从本地缓存数据 orders 里获取数据
23.        var newOrders = [];
24.        var totalPrice=0;
25.        var selectedAll = true;
26.         for(var i=0;i < orders.length;i++){
27.            var order = orders[i];
28.            if (order.selected){//购物车里的每件商品都有一个 selected 属性，
               selected 等于 true 时代表这件商品被选中，要计算金额
29.              totalPrice += order.nowPrice * order.quantity;//计算选中
                 商品的金额
30.            }else{
31.              selectedAll = false;//购物车里的商品，如果有一件是未选中的，
                 selectedAll 全选标志位就等于 false
32.            }
33.            newOrders.push(order);
34.         }
35.         wx.setStorageSync("orders", newOrders);//重新加入缓存
36.         this.setData({ totalPrice: totalPrice, orders: newOrders, sele
            ctedAll: selectedAll});//数据绑定到页面里
37.     },
38.     checkboxChange:function(e){//每件商品前的复选框操作函数
39.       var ids = e.detail.value;//会把选中的复选框的 id 值，以数组集合的形式传递过来
40.       var orders = wx.getStorageSync('orders');
41.       var totalPrice=0;
42.       var newOrders = [];
43.       for(var i=0;i < orders.length;i++){
44.         var order = orders[i];
45.         var flag = true;
46.          for(var j=0;j < ids.length;j++){
47.              if(order.id == ids[j]){//传递过来的 ids 数组集合值，都是选中的
                 商品，需要计算总的金额
48.                totalPrice += order.nowPrice * order.quantity;
49.                order.selected = true;//代表该商品是选中状态
50.                flag = false;//代表该商品是选中状态
51.              }
52.          }
53.          if (flag) {//代表该商品是未选中状态
```

```
54.             order.selected = false;
55.           }
56.           newOrders.push(order);
57.       }
58.       wx.setStorageSync("orders", newOrders);//重新加入缓存数据
59.       this.loadOrders();//重新加载页面
60.   },
61.   checkAll:function(e){//全选复选框操作函数
62.       var orders = wx.getStorageSync("orders");
63.       console.log(e);
64.       var newOrders = [];
65.       var selectedAll = this.data.selectedAll;
66.       for(var i=0;i<orders.length;i++){
67.           var order = orders[i];
68.           if (selectedAll){//如果当前状态值是全选中，那么再单击的时候，全选复
            选框应该为未选中状态
69.             order.selected = false;
70.           }else{
71.             order.selected = true;
72.           }
73.           newOrders.push(order);
74.       }
75.       wx.setStorageSync("orders", newOrders)//重新加入缓存数据
76.       this.loadOrders();//重新加载页面
77.   },
78.   addOrders: function (e) {//添加商品数量函数
79.       var id = e.currentTarget.id;
80.       var orders = wx.getStorageSync('orders');
81.       var addOrders = new Array();
82.       for (var i = 0; i < orders.length; i++) {
83.         var order = orders[i];
84.         if (order.id == id) {
85.           var quantity = order.quantity;
86.           order.quantity = quantity + 1;//将该件商品数量加 1
87.         }
88.         addOrders[i] = order;
89.       }
90.
91.       wx.setStorageSync('orders', addOrders);//重新加入缓存数据
92.       this.loadOrders();//重新加载页面
93.   },
```

```
94.   minusOrders: function (e) {//减少商品数量函数
95.     console.log(e);
96.     var id = e.currentTarget.id;
97.
98.     var orders = wx.getStorageSync('orders');
99.     var addOrders = new Array();
100.     var add = true;
101.     for (var i = 0; i < orders.length; i++) {
102.       var order = orders[i];
103.       if (order.id == id) {
104.         var count = order.quantity;
105.         if(count >= 2){
106.           order.quantity = count - 1;//将该件商品数量减 1
107.         }
108.       }
109.       addOrders[i] = order;
110.     }
111.     wx.setStorageSync('orders', addOrders);//重新加入缓存数据
112.     this.loadOrders();//重新加载页面
113.   }
114. })
```

购物车对应的样式文件代码如下。

```
1.  .content{
2.      font-family: "Microsoft YaHei";
3.      height: 600px;
4.      background-color: #F9F9F8;
5.  }
6.  .info{
7.     background-color: #ffffff;
8.  }
9.  .line{
10.     border: 1px solid #cccccc;
11.     opacity: 0.2;
12. }
13. .receive{
14.     display: flex;
15.     flex-direction: row;
16.     padding: 10px;
17. }
18. .item{
19.     display: flex;
```

```
20.      flex-direction: row;
21.      padding: 10px;
22.      align-items: center;
23. }
24. .order{
25.      width:100%;
26.      height: 87px;
27. }
28. .title{
29.      font-size: 15px;
30. }
31. .desc{
32.      display: flex;
33.      flex-direction: row;
34.      font-size: 13px;
35.      color: #cccccc;
36. }
37. .desc view{
38.      margin-right: 10px;
39. }
40. .priceInfo{
41.      display: flex;
42.      flex-direction: row;
43.      margin-top:10px;
44. }
45. .price{
46.      width: 65%;
47.      font-size: 15px;
48.      color: #ff0000;
49.      text-align: left;
50. }
51. .minus,.add{
52.      border: 1px solid #cccccc;
53.      width: 25px;
54.      text-align: center;
55. }
56. .count{
57.      border-top: 1px solid #cccccc;
58.      border-bottom: 1px solid #cccccc;
59.      width: 40px;
```

```
60.     text-align: center;
61. }
62. .totalInfo{
63.     display: flex;
64.     flex-direction: row;
65.     height: 60px;
66. }
67. .all{
68.     align-items: center;
69.     padding-left: 10px;
70.     width: 20%;
71.     font-size: 12px;
72.     margin-top: 10px;
73. }
74. .amount{
75.     width:50%;
76.     font-size: 13px;
77.     text-align: right;
78. }
79. .total{
80.     font-size: 16px;
81.     color: #ff0000;
82.     font-weight: bold;
83.     margin-bottom: 10px;
84. }
85. .opr{
86.     position: absolute;
87.     right: 0px;
88.     width: 92px;
89.     font-size: 15px;
90.     font-weight: bold;
91.     background-color: #E4393C;
92.     height: 60px;
93.     text-align: center;
94.     line-height: 60px;
95.     color:#ffffff;
96. }
97. .icon{
98.   margin-right: 10px;
99. }
```

10.3.5 我的页面

我的页面是展示个人信息的页面，包括账号信息、全部订单、待付款、待收货、售后订单、优惠券等，如图 10-11 所示。

图 10-11 我的页面示意图

我的页面的 wxml 文件代码如下：

```
1.  <view class="content">
2.    <view class="bg">
3.      <view class="head">
4.        <view class="headIcon">
5.          <image src="/images/icon/head.jpg" style="width:99px;height:
          99px;"></image>
6.        </view>
7.        <view class="login">
8.          <view>{{userInfo.nickName}}</view>
9.          <view class="account">账号: 356725727_k</view>
10.       </view>
11.     </view>
12.   </view>
13.   <view class="hr"></view>
14.   <view class="item">
15.     <view class="img">
16.       <image src="/images/icon/qbdd.jpg" style="width:20px;height:
        24px;"></image>
17.     </view>
18.     <view class="name">全部订单</view>
```

```
19.     <view class="detail">
20.       <text>></text>
21.     </view>
22.   </view>
23.   <view class="line"></view>
24.   <view class="item">
25.     <view class="img">
26.       <image src="/images/icon/dfk.jpg" style="width:20px;height:24
          px;"></image>
27.     </view>
28.     <view class="name">待付款</view>
29.     <view class="detail">
30.       <text>></text>
31.     </view>
32.   </view>
33.   <view class="line"></view>
34.   <view class="item">
35.     <view class="img">
36.       <image src="/images/icon/dsh.jpg" style="width:23px;height:20
          px;"></image>
37.     </view>
38.     <view class="name">待收货</view>
39.     <view class="detail">
40.       <text class="count">2 单</text>
41.       <text> ></text>
42.     </view>
43.   </view>
44.   <view class="line"></view>
45.   <view class="item">
46.     <view class="img">
47.       <image src="/images/icon/shdd.jpg" style="width:25px;height:
          24px;"></image>
48.     </view>
49.     <view class="name">售后订单</view>
50.     <view class="detail">
51.       <text> ></text>
52.     </view>
53.   </view>
54.   <view class="hr"></view>
55.   <view class="item" bindtap="seeCoupon">
56.     <view class="img">
```

```
57.         <image src="/images/icon/yhq.jpg" style="width:25px;height:22
          px;"></image>
58.       </view>
59.       <view class="name">优惠券</view>
60.       <view class="detail">
61.         <text class="count">4 张</text>
62.         <text> ></text>
63.       </view>
64.     </view>
65.     <view class="line"></view>
66.   </view>
```

相应的 js 文件代码如下。

```
1.  Page({
2.    data: {
3.      userInfo: {}
4.    },
5.    onLoad: function() {
6.      var page = this;
7.      wx.getSetting({ //可以通过 wx.getSetting 先查询一下用户是否授权了
        "scope.record"
8.        success(res) {
9.          if (!res['scope.userInfo']) {
10.           wx.authorize({ //获取用户授权
11.             scope: 'scope.userInfo',
12.             success() {
13.               // 用户已经同意小程序获取用户信息后，后续调用 wx.getUserInfo
                接口不会弹窗询问
14.               wx.getUserInfo({
15.                 success: function(res) {
16.                   var userInfo = res.userInfo
17.                   page.setData({
18.                     userInfo: userInfo
19.                   });
20.                 }
21.               })
22.             }
23.           })
24.         }
25.       }
26.     })
```

```
27.     wx.setNavigationBarTitle({ //动态修改页面标题文字
28.       title: '我的'
29.     })
30.     wx.setNavigationBarColor({
31.       frontColor: '#000000', //导航文字颜色
32.       backgroundColor: '#ffffff', //导航背景色
33.       animation: { //动画效果
34.         duration: 400,
35.         timingFunc: 'easeIn'
36.       }
37.     })
38.   },
39.   seeCoupon: function() {
40.     wx.navigateTo({
41.       url: '../coupon/coupon'
42.     })
43.   }
44. })
```

相应的样式文件代码如下。

```
1.  .content{
2.      background-color: #E8E8ED;
3.      height: 600px;
4.  }
5.  .bg{
6.    width:100%;
7.    height: 150px;
8.    background-color: #F54844;
9.  }
10. .head{
11.     display: flex;
12.     flex-direction: row;
13. }
14. .headIcon{
15.     margin: 10px;
16. }
17. .login{
18.     color: #ffffff;
19.     font-size: 15px;
20.     font-weight: bold;
21.     position: absolute;
```

```
22.     left:120px;
23.     margin-top:30px;
24. }
25. .account{
26.     color: #f2f2f2;
27.     font-size: 13px;
28.     margin-top:10px;
29. }
30. .item{
31.     display:flex;
32.     flex-direction:row;
33.     background-color: #ffffff;
34. }
35. .hr{
36.     width: 100%;
37.     height: 15px;
38. }
39. .img{
40.     margin-left:10px;
41.     line-height: 50px;
42. }
43. .name{
44.     padding-top:15px;
45.     padding-left: 10px;
46.     padding-bottom:15px;
47.     font-size:15px;
48. }
49. .detail{
50.     font-size: 15px;
51.     position: absolute;
52.     right: 10px;
53.     height: 50px;
54.     line-height: 50px;
55.     color: #888888;
56. }
57. .line{
58.     border: 1px solid #cccccc;
59.     opacity: 0.2;
60. }
61. .count{
```

```
62.     font-size: 13px;
63.     color: #ff0000;
64. }
```

10.4 本章小结

本章重点介绍了微信小程序实现的在线商场，分别从首页、购物车页面、我的页面展开深入详细的讲解，读者通过学习可以运用微信小程序来完成界面布局、底部标签、海报轮播、宫格导航等实战性的技能，同时也应对电商类的平台技术架构有一定的认识，并能够搭建和开发真正意义的小程序。